多角度沙龙

换个角度看世界

徐金琪◎主编

北京联合出版公司
Beijing United Publishing Co.,Ltd.

图书在版编目（CIP）数据

多角度沙龙：换个角度看世界 / 徐金琪主编. --北京：北京联合出版公司, 2015.4
ISBN 978-7-5502-4681-2

Ⅰ. ①多… Ⅱ. ①徐… Ⅲ. ①创造性思维
Ⅳ.B804.4

中国版本图书馆CIP数据核字(2015)第025165号

多角度沙龙：换个角度看世界

选题策划：徐金琪　孙庆磊　张庆龙　蒋　超
图文统筹：张庆龙
责任编辑：李　伟
特约编辑：郑学佳
封面设计：杨　超
摄　　影：董一珺

北京联合出版公司出版
（北京市西城区德外大街83号楼9层　100088）
印刷：中煤涿州制图印刷厂北京分厂
字数：230千字　开本：710×1000毫米　1/16　印张：14.25
2015年4月第1版　2015年4月第1次印刷
ISBN 978-7-5502-4681-2
定价：35.00元

序一

多角度沙龙：一个思想分享的大趴

多角度沙龙是由资深媒体人徐金琪创办的具有媒体人气质的公益沙龙，其主旨是：创造“创造”的平台，相信“相信”的力量。沙龙口号是“换个角度看世界”，坚持“继承不死的理想基因、重振疲惫的英雄梦想”，关注年轻人，更关注年轻态！

徐金琪在工作实践中总结提炼出“多角度思维”，多角度沙龙便是这种思维的载体。多角度思维是一种价值观，承认世界的多元性和事物的多面性；多角度是一种方法论，在实践中要随时变换思维，不但要在同一时空内选择多个角度来看待事物，还要穿越不同时空来看待事物的前世今生。多角度思维要求呈现出世界的多元、人性的复杂，要能够展现事物存在的舞台，能够引发思辨，并且能够以穿越时空的“瞻前顾后”来展现起因、发生和发展。

创始人徐金琪简介

徐金琪，曾任中央电视台记者、《一线》栏目策划、《大家看法》记者组组长、黑龙江电视台法制频道记者、《今天消费报》新闻部主任兼编辑部主任。多次在全国性新闻业务培训班担任讲师，并为中国人民大学、中山大学、中国石油大学、北京师范大学、西南政法大学、上海财经大学等高校举办专题讲座，为北京电视台、广东电视台、搜狐网等媒体机构组织专场培训。其作品《房产疑云（上、中、下）》于2008年获中国广播电视协会全国法制节目长片一等奖。

序二

多角度沙龙诞生记：换个角度看世界

最简单的形式，最热点的内容，最实用的知识，最多元的思想；

最新锐的话题，最娱乐的表达，最广泛的传播，最畅通的渠道；

最多赢的合作，最热烈的情怀，最即兴的互动，最融洽的气氛。

2013年10月下旬的北京，天气渐冷，尤其是夜幕降临之后，虽然还没达到“冻手冻脚”的程度，但是北风一吹，街上已没有几个人愿意考验自己的意志力了。在“宇宙中心”北京市海淀区五道口的一间民宅里，正在上演“冰火两重天”的一幕。几十平米的室内坐满近二百人，他们的热情让正在分享的讲师汗流满面。而一门之隔的开放阳台上，三位候场的讲师把床单披在身上仍瑟瑟发抖。室内外不时传来笑声，室内是观众们被讲师逗笑的，室外则是候场的讲师无奈的笑。脱口秀演员Tony Chou现在肯定特别后悔自己被安排在第一个出场，因为他再想进到温暖的室内还需要等待几个小时。温暖的室内其实也没有那么舒服，因为来的人太多，讲师基本没有走动的空间，很多听众只能坐在地上，几个小时沙龙下来，腿酸疼酸疼的。有一位女孩更是把自己“挂”在了天花板上听讲，这一幕被“低位”的听众抓拍并上传到了网络上。妹纸，你这绝对是“要火”的节奏啊！

这就是我们多角度沙龙第一次举办时的火爆场面。创办者徐金琪说，这样的场面既在他的意料之外，又在他的想象之中。徐金琪是一位资深媒体人，曾在中央电视台、黑龙江电视台、电台、报社等机构工作过，有着丰富的媒体工作经验。过去这几年，他把自己积累的这些经验进行梳理和系统化，逐渐形成了自己的理论体系——“多角度思维”。他尝试在各个机构讲授这一理论，包括电视台、培训机构和大学校园。多角度沙龙是他核心理论“多角度思维”的另一个产品，这个系列讲座的诞生有点偶然，也有点厚积薄发的意思。

换个角度看世界

多角度沙龙没有经过艰难的孕育过程，它诞生在几个偶然的电话瞬间。2013年10月，徐金琪受邀举办一场线下活动，但是由于时间紧、任务急，他没有那么多时间去进行“高大上”的策划，所以只能把策划做到最简单易行，只保留最核心价值的部分。思来想去，这个简单的形式就是“分享+互动”模式，也就是后来我们看到的多角度沙龙的模式：每期4个主题演讲，每个演讲20分钟，然后是5分钟的现场互动，结尾是观众扑向喜欢的嘉宾进行深度交流。沙龙只有一个主持人，前几期都是徐金琪自己出马。他对我们说：“复杂的形式会让听众忽视你要传递的核心，我们的讲座非常简单，每期没有统一的主题，我们要让来听的人各取所需。但是我们的讲座必须有统一的气质，要坚持换个角度看世界，要给人传递正能量。”我们的分享也是这么做的。

从形式确定到沙龙举办只有一周的时间，于是第一期沙龙的几个讲师就只能选择熟悉的朋友。后来，很多来过沙龙分享的讲师相互之间也慢慢成为了好友。至于沙龙的主持人，徐金琪只能自己冲锋陷阵了。徐金琪给与自己关系不错的几个朋友打了电话，朋友们欣然答应，于是在几个电话之后，就有了这样一次看似偶然的沙龙。了解徐金琪的朋友说，这个看似偶然的沙龙，其实是他多年厚积薄发的成果。我与徐金琪大哥是多年的朋友和同事，也是“多角度思维”的受益者和追随者，我们分享给大家的不是成功学，而是一种思维模式，是一种从多

个角度分析问题的方法。多角度沙龙，不提供答案，提供的只是更多的角度。

坚持疲惫的英雄梦想，继承不死的理想基因

当下的社会愿意谈梦想，打开电视几乎都能听到的一句话就是“你的梦想是什么”。我们的多角度沙龙不把梦想说出来，却把梦想作为坚持不懈的追求。徐金琪认为，坚持理想是稀有品，并非所有人都能够凭借超越自己的意志力坚持下去，“每个人都做过英雄梦，但是在追梦的路上会感到疲惫，会感觉孤独。不是每个人都是理想主义者，但是理想的基因就在每个人的心里。我们就是要让疲惫的英雄梦重新振作，让沉睡的理想基因不死。”《看天下》杂志采访过徐金琪，他说过这样一段话：“梦想易碎，要好好珍惜。有梦想才能走得远。很多时候我们都被现实捆绑住了。当看到有人还在做这些充满理想的事情时，我就想送他们一程。”他创建多角度沙龙的目的之一就是寻找同行者，相互给予鼓舞和力量。

我们多角度沙龙的讲师都是普通人，来这里给大家分享的也都是自己的经验和经历。如果让我们自己总结，真正的平等或许是这个沙龙与生俱来的特性。这里没有明星，可是当我们站在台上，又会感觉自己好像就是“明星”。这一点在电视台工作的蒋超有着深刻的体会。他作为讲师参与了两期沙龙，还作为主持人主持了沙龙的特别活动，他在这里玩得很嗨。他说自己以前也会像很多人一样，在百度里搜索自己的名字，虽然自己的电视作品已经有很多，但是搜索量很少，搜索结果也不精确。参加了沙龙之后，他再搜索，会发现很多自己在多角度沙龙上的活动，这也着实让他兴奋了好一阵。

不怕暴露不完美，做到简约不简单

多角度沙龙吸引的是本来就有相同气质的人，这种简单的模式吸引了很多同类。我们知道现在社会上有很多人在办类似的活动，也有很多“高大上”的

论坛、讲座，但是这里对我们来说却有不一样的感觉，会有很多意外的小“惊喜”。每次多角度沙龙的交流时间，徐金琪都会接到类似的邀请：“这里的场地小了点，下次去我那里办沙龙吧，也给我们带带人气，我那里能坐300多人。”还有不少大学对多角度沙龙的讲师提出了讲座邀请。现在，多角度沙龙已经成功走进校园，在有些学校已经成为了一个固定的品牌活动。

沙龙连续火爆，这让我们自己有点“沾沾自喜”了。于是我们开始思考，沙龙为什么从一开始就火了？听众为什么而来？徐金琪最初的设想是让所有来的人都能在这里各取所需，“只要有一个话题你喜欢就行”，这个思路从沙龙的主题设置就能够看出来。比如第一期4个主题分别是脱口秀、恋爱心理学、微营销、综艺节目揭秘，第二期主题又换成了娱乐明星、电视节目研究、创业、心理学，第三期的主题则是经典回顾、网络教育、采访技巧、自媒体营销。但观众是否真能做到各取所需，从目前来看，谁也没法给出一个确切的答案。但是有一点是可以肯定的，来沙龙分享的讲师都是真诚的，真诚到不在意暴露自己的缺陷给大家看，我们不要高大全，因为我们本来就不完美。来这里的观众也不是听我们教育的，因为我们每个人都很平凡，我们在一起交流，观众也是多角度讲师团的潜力股和备选人。

为人随和的徐金琪对分享主题和讲师包装却有着严格的要求，话题社会性和讲师“明星化”包装是多角度沙龙不可缺少的一部分。但是我们的“明星化”是聚焦而不是造神。徐金琪说，多角度沙龙要做到“简约而不简单”，“我们不是要打造明星，我们是在反其道而行之，要的就是“人”。这个“人”可能有诸多的缺陷，有很多不完美，但是他是有血有肉的人。我们要在平凡中发现不平凡，在不平凡中发现平凡。多角度沙龙的讲师都是普通得不能再普通的身边人，但是我们又会发现自己不普通的地方，“看似谁都能来讲，但事实上标准很高，不但要有料可讲，还必须能娱乐化表达，得把大伙逗乐了”。徐金琪说他自己并不渴望成熟，但一定要在成长，他希望多角度沙龙也是一样，不怕暴露缺陷，但大家是在一起成长。现在，我们正在一起茁壮成长！

分享的不是“术”，找寻的是同路人

可能每个人参加多角度沙龙的目的不一样，诉求也不相同，当然，收获和感悟也各不相同。徐金琪想传递思维模式，Tony Chou把这里当成了推广脱口秀的舞台，李恕萱想告诉大家学会爱人，成甲在这里分享他创业的经历和感悟，还有人想在这里结交更多的朋友……

借用一句名言：每个人心中都有一个“多角度沙龙”，来到这里的听众也是各有不同。多角度沙龙第一期是在北京市海淀区五道口举办的，时间是在周日晚上7点半。一位从北京郊区房山赶来的小女孩次日凌晨1点多才回到家。另一位参加沙龙的女生樊冰洁在微信朋友圈中写道：“解密《中国好声音》幕后的央视媒体人、浅析新媒体引爆微营销的创意高管、普及潜意识层面情爱的催眠师，对于学子，北京是绝对的殿堂，哪怕几十见方，也不乏才俊的献赏。当然，同学们也彰显着求知的彪悍和娴熟的奔放，地上坐出痔疮，站到后踮静脉曲张，都弱爆了，瞧人家孩子直接挂天花板上了。以后我专在房顶占座，脑门吊个扫射灯，狂扫美男。”

从参与者反馈的信息中，我们看到多角度沙龙凝聚人的不是最为实用的“术”，而是学习的氛围和分享的精神。这种精神能够支撑人在理想的道路上越走越远，因为有很多人同我们自己一样在努力向理想前行。凝聚“同路人”是多角度沙龙的收获，沙龙本身也在大家的陪伴下前行。

多角度沙龙自开办以来，已经有很多听众联系徐金琪，希望自己能够作为讲师在这里与他人进行分享，其中不乏校门舞男肖剑、《大学生自习室》作者郝雨等网络名人。同样，沙龙依靠这种“同质”精神，也吸引了一些民间组织加入。北京脱口秀俱乐部是这些民间组织当中与多角度沙龙关系相当融洽的一个，我们这两个组织都是民间组织，也都是靠“说”来与观众进行互动的。在这个缺乏信任的社会里，多角度沙龙依靠真诚来让相互扶持的同行者成为彼此的信仰，我们在信仰的道路上共同出发。

靠演说来启发思维，做思想的布道者

中国文化倾向内敛，演说不是中国人擅长的事情。但演说作为一种有效的传播途径，有着非常明显的社会需求，所以近几年演说也有了兴起的势头。单纯的演说和辩论没有意义，只有作为思想的载体，演说才能成为一种效能和工具。多角度沙龙就是这样一个平台，演说是载体，娱乐化是表达形式，多角度思维模式是背后的核心竞争力，这是一种包容的心态，是一种用多个角度审视世界的能力。

徐金琪很喜欢桑德尔，“桑德尔的演讲是启发式演讲，他是授之以渔，只告诉你一种思考的方法，自己去寻找答案。”徐金琪这样总结他喜欢这个人的原因。多角度沙龙在他的设想中也是要给人这方面的东西，要让来听讲的人掌握多角度的思维方法，要让听众在笑声中有所感悟。“这是一个方向，语言文化对于中国人来说有特殊的吸引力，我们有评书、有相声、有脱口秀、有海派清口、有《开讲啦》和《超级演说家》这样的电视节目……这说明什么？说明中国人需要交流、需要思想、需要有思考的乐趣。”

新的多角度沙龙还在像魔方一样呈现出多彩的组合，我们也将挣脱束缚，开启属于自己的新时代。沙龙突破小范围的分享，已经在这个平台上孕育出校园沙龙、微信线上分享、语音广播节目等多种形式。未来，还有多少种可能等待我们发现和探索？与其在沉闷的生活中孤独地原地打转，不如在理想的旅途中寻找同行者结伴前行。

本书只是多角度沙龙前三期的内容集结，之后会陆续推出系列丛书，希望读者朋友能够通过这本书了解沙龙、参与沙龙。多角度沙龙，真诚欢迎你！

《开讲啦》导演张庆龙

2014年4月于北京

目录

前言

多角度沙龙演讲引爆观众的秘密

生活给了我们无限的智慧，但是如何表达这些思想和智慧,却不是每个人都能轻松完成的。无人倾听，再好的思想也无法传播。然而，在我们的社会里，善于表达的人并不很多。当你面对台下黑压压一片的观众时，是否会感觉眩晕和窒息？当你面对一双双渴望的眼神时，是否还能流利地表达？当你四肢冰凉两手流汗的时候，是否能记得你要说些什么？演讲非常重要，但演讲却又不那么简单。

多角度沙龙是一个现场气氛特别热烈的沙龙，来到现场的嘉宾各有所长，演讲风格各异，但是都能够保证良好的效果。这里是否有一些规律和技巧可以总结呢？多角度沙龙演讲的最大技巧就是要求演讲要“有意思且有意义”，并且从某种程度上说，“有意思”要大于“有意义”。形式是糖衣，我们要用它来包装思想这味良药。但是我们必须注意的是，无论“意思”还是“意义”，都必须是建立在诚意的基础之上的。如果问什么样的技巧能打动观众，不如研究什么样的态度能够感染观众。演讲是有气场的，再流利的技巧也代替不了真诚的情感交流。因此，在讲述一些技巧之前，我们要提醒读者的是，诚意是演讲成功的基础。诚意包括真经历、真感悟、真分享、真交流、真平等、真尊重……

技巧一：专注主题、画龙点睛

在构思一场演讲的时候，你第一个想到的问题一定是“我要给大家讲点什么”，尤其是当你只是一个普通人，不是某领域的专家或者社会名人的时候。你会挖空心思梳理自己的工作和生活，从你熟悉的事情中寻找让人觉得“惊叹”的东西，这就是演讲的主题。

主题是一场精彩演讲的灵魂，因此需要专注。一场精彩的演讲其实用一句话就可以概括，而这句概括的话就是你要通过演讲给大家传播的观点。“缺少一抹颜色，构不成这花花世界。”每一个人都是独一无二的，每一个人都会有其他人没有经历过的传奇，都会有其他人无法感受的人生体验。发现这一个主题，就要学会跳出去跟自己聊天，在内心里跟自己对话。

多角度沙龙第一期蒋超的演讲《明星越暗越美丽》是他独特工作经历的感悟。他作为电视台娱乐节目的主编，与诸多娱乐圈的明星有过真正深入的接触，看到了很多普通人或者电视机前的观众看不到的内容。明星这一主题的演讲有天然的揭秘性和娱乐性，容易引起观众的“窥私欲”。但是，如果我们的主题只是迎合了观众的趣味，会让人觉得演讲没有回味、没有营养。如果一个选题太接地气，就要让它有一个升华，即所谓的“低题高就”。从多角度思维出发，明星有其多面性，如果只说他们光彩夺目的一面，或者只说明星屏幕背后的八卦，都不是一个好的主题。只有多角度地看待明星，把高高在上的明星还原成普通人，这才是一个能够给人回味的主题。于是，这次演讲的主题诞生了，就是让人走近明星，看到明星光环下的阴影，看到他们聚光灯之外的平凡一面。

技巧二：注重故事、巧妙切入

选定主题之后，就要设计如何切入到这一主题之中去。如果想一下子抓住观众，最好的切入点就是有意外性，但又能引起观众的情感共鸣。一般的演讲方式

都是用一个故事来切入，很少有人能用道理来抓住观众的。

什么样的故事切入才是有效的？私人的故事或者独特角度的大众故事都是一个好的选择。讲自己的故事，用自己的独特感受来吸引观众，同时也要确保故事和主题的紧密联系性，而且让故事充满情感，与观众建立一种心灵上的对话，让观众跟随自己投入到故事的场景中去，被你的故事牵着鼻子走。

怎样才能讲好一个故事？讲故事有多种多样的方法，有人擅长讲悬疑故事，有人擅长讲抒情故事，有人擅长讲英雄故事。任何一种故事的模式都可以拿来使用，关键的地方只有一个，那就是要能够把观众拉入到故事设置的情境中去，不能让他们溜号、走神。

Tony Chou的演讲《Tony Chou和他的脱口秀：精神的自由》开场是这样的：“我不太好。我今天刚失恋”。观众一下子被他的情感所左右了，情绪被这位“失恋者”带向了低落，同时对站在面前的演讲人产生了一种同情感，建立了情感上的共通。但是接着Tony Chou就说了一句“这是我结婚以来第五次失恋了”，观众突然发现自己被戏弄了，现场哄堂大笑，情绪马上进入了欢乐，而且大家一下子就明白了脱口秀是什么样的。

这是一种以私人故事切入的方法，另一种就是以大众故事的另类解读来开场。大家都知道的故事容易引起共同的回忆，从而更容易建立演讲者和观众之间的情感连接。但大众故事的切入角度一定要独特，否则就会让人感觉索然无味，好像被人塞了一个嚼过的馍馍在嘴里。

多角度沙龙创始人徐金琪在广东省立中山图书馆有一场讲座，讲座的主题是《央视九年：活在当下的感悟》。在这场讲座中他是以“央视大火”的故事切入，这个新闻事件全部或者大部分的观众都会知道，而且会产生一种好奇，他为什么要讲这个故事呢？当大家都在回忆自己当时看到这则新闻的感受时，徐金琪抛出了他的观察视角：公众情绪的宣泄。公众为什么会对“央视大火”这样一场灾难陷入狂欢？这个问题抛出之后，整场观众的思维立刻被他抓住，跟着他的思路进行思考。接着，徐金琪就把话题引入到复杂的央视、复杂的央视人上面来了。大家用简单的爱恨来表达对央视的情绪，但真实的央视是复杂的，央视的人也是复杂的，这里也是中国理想主义者梦寐以求的地方。这个开头就很好地利用了独特的角度解读公众尽知的故事，起到了很好的效果。

技巧三：娱乐表达、绝不“端”“装”

好的演讲是有意思的演讲，是有交流的演讲。在完成主题和切入点设计之后，就要求演讲者用一种观众更容易接受的方式来把内容表达出来。《南方周末》在报道央视《开讲啦》的时候用到一个题目，特别符合这一技巧要表达的意思——《换一种腔调，讲一点正能量》。腔调，就是我们说的演讲形式。

多角度沙龙追求“有意思、有意义”，在“有意思”方面就是指娱乐化表达。娱乐化表达并不是一味地调侃，而是一种基于不同表达而产生的戏剧化效果。但要娱乐化表达，就必须把演讲的状态调整到一种“聊天模式”，用通俗的话说就是不能端着架子、装着样子。要把自己的内心打开，改变“我来教育你们”的“教主”心态，用真正平等的姿态来跟观众交流。

在娱乐表达上，脱口秀的方法是特别值得演讲者借鉴的。脱口秀经常会用幽默段子的方式来表达一些高深的思想。例如，脱口秀演员宋启瑜先生，他在多角度沙龙做过有关喜剧的演讲。他有一个特别经典的段子：“我的普通话非常‘标肿（标准）’，以至于我说普通话的时候需要带一个翻译。”宋启瑜先生是山西人，他说的话有浓重的山西口音，这个幽默的段子就是他用自己的经历写成的一个经典笑话。但是，这个段子背后凸显的是地域歧视的问题，每个人都会因为各种各样的标签而遭遇到歧视，比如口音。

另一种娱乐化的方式是通过对严肃内容的另类形式表达而产生一种能够令人轻松接受的方式，也就是俗称的“讲故事”。例如，用上课的方式讲历史是沉重的，但是用评书和演义的方式来讲历史中的故事，就算都是非常严肃的史实，也会产生很好的效果。当年明月的《明朝那些事儿》和张发财的《一个都不正经》都是这方面的典型。《一个都不正经》随便抽出一段都很有喜剧效果，“民国22年一两银子和一块银元的汇率是0.715：1。郁达夫一部2万字的小说卖了1000块大洋合715两白银，换人民币大约是30万左右，在上海买了栋别野，就这样还在文章里哭穷。所以千万别信文人的鬼话”。如果我们没有这样写段子的本事，那我们也可以参考沈志华先生的演讲，讲的都是严肃的历史资料，但是用讲故事的方式讲出来，也让人觉得轻松而不沉重。

技巧四：巧妙设置、即兴互动

细节决定成败，在演讲中也同样遵循这一规则。演讲中不但可以利用一切道具，还必须对你所使用的道具有所设计。简单地说，就是演讲者要挖一个大坑给观众，眼睁睁地看着观众跳进你挖的坑，然后你再拉他们出来。

说到给观众“挖坑”，成甲先生在这方面是高手，他在《创业的故事：幸福逆袭法则》中巧妙地使用了主持人徐金琪和他的合影。在成甲的时间管理课堂上，徐金琪三次都参加了课程，并且每次都有一张和他的合影。成甲就把这三张合影巧妙地制作到PPT当中。

成甲：这是我第一次在“第九课堂”开设知识管理课程的照片，大家有没有看到一个比较眼熟的人？是徐金琪大哥。紧接着我又开了一期，大家有没有在同样的位置发现一个比较熟悉的人？还是徐大哥。

观众：是原始照片吗？

成甲：是原始照片，没有处理过的，徐大哥一直选在那个位置。

主持人徐金琪：还有一期，第三期呢？

成甲：有第三期的照片，因为我照得不太好看，就删了。（观众笑）我开玩笑的。你看当时的徐大哥，在“第九课堂”上他讲什么？讲多角度。那个时候就

在讲多角度思维，所以这是我的课堂，徐老师去“砸场”，砸得非常好。所以一下课我们俩就合影。

在这个精巧的设计里，成甲巧妙地把主持人徐金琪设计成了自己演讲的“道具”，从与主持人徐金琪的合影中找出一个很微小的细节，用这个细节讲述关于两个人情感的故事。这样的设计让他与主持人徐金琪的关系显得更亲密。成甲在徐金琪主持的沙龙上做演讲，把自己和徐金琪的点滴小事都能找出来，可见演讲者的真诚和用心，也能让观众感受到演讲者成甲对他人的尊重。

除了演讲之前的精心设计，一场好的演讲一定是有现场感的、最即时的互动，这样才能给人以意外感和惊喜。如果照本宣科，即便有再好的设计，也会失去现场演讲的意义，和听广播、看电视没有任何区别。好的现场演讲一定是能够充分调动观众的演讲，让观众参与其中。

Tony Chou在他的演讲《Tony Chou和他的脱口秀：精神的自由》中就紧紧抓住了现场，把和当期另外三位演讲者尤其是和李恕萱的互动巧妙地做成了他演讲的开始部分，并且成功利用了现场观众刚刚建立的共同认知和情绪，让这个桥段成为一种最能让人感性认知的互动。

Tony Chou：我们知道有四位嘉宾，我是第一个嘉宾。但其实我是来热场的，后面三位嘉宾也让我非常期待。有一位是庆龙，他是讲《中国好声音》揭秘的；还有一位是庆磊，是讲微营销的；最后一位我特别感兴趣，她是一位美女。我不知道大家有没有注意，她是一个心理咨询师，更关键的是，她是一个催眠师。李老师，我不知道该不该问，你觉得作为一个催眠师来到这个现场，你讲什么还重要吗？

多角度沙龙特别注重现场的互动，关注公益的网络红人“校门舞男”肖剑会在演讲中加入观众一起跳舞的环节；即兴戏剧的支叙心会安排三四个观众参与环节，让观众最直接地感受什么是即兴戏剧；宋启瑜也会把脱口秀里的互动方法带入到演讲中……这些互动都能够成功调动现场气氛，让观众放下拘谨的状态，全身心投入到演讲之中来。

技巧五：注重细节、反复打磨

在完成了“内容为王”的演讲技巧设计以后，与演讲有关的一些细节也是需要演讲者特别注意的地方，看似不经意的细节维护会让演讲产生特别明显的良好效果，比如演讲者常用的手势、在演讲舞台上走动、与观众的眼神交流，甚至是穿着，等等。

沙龙创始人徐金琪有过这样一段经历：在他刚开始尝试个人讲座的时候，搜狐网邀请他去做一场新闻业务的培训。他说当时心里特别紧张，但是现场都没有人看出他的紧张。徐金琪说，在演讲现场，他发现一位小伙子听得特别认真，他的眼神给了他特别大的信心，他就不断与那个小伙子进行眼神交流。后来，他特别寻找到了这位小伙子——路西洋。徐金琪说，我们在演讲的时候要特别注意寻找“路西洋”，这样能给自己极大的信心。

徐金琪在广东省立中山图书馆进行演讲时，也有一个意外的状况发生。他当天的演讲题目是《央视九年：活在当下的感悟》，来听讲座的观众里有很多年龄比较大的长者。在讲座现场，一位老人家在提问的时候特别激动地拿出一份报纸来阐释自己的观点。这时候，徐金琪从讲台上走了下来，站在他的旁边用手搀扶着老人家，在听完他的全部观点之后，徐金琪对观众说：“我特别同意您的观点，谢谢您的分享，请大家把掌声献给老人家好不好。”现场的紧张气氛就这样被轻松化解了。

Tony Chou也是注重细节的高手。作为脱口秀演员，他特别在意带给观众的感受。在夏天办沙龙，讲师们都会穿着比较清凉、随意。当天，其他三位讲师穿着T恤、短裤就来到了现场，之后Tony Chou穿着西装扎着领带满头大汗地赶到。大家一看他的行头就笑了，有人就问他要不要这么夸张。Tony Chou特别认真地说：演讲也是一场演出，要让观众有好的感受，何况现场还有摄像。后来我们看了当期沙龙的视频，穿着西装的Tony Chou是那场沙龙里看着最精神的，演讲也最有效果。

最后，我们要说的是：最大的技巧就是“没有技巧”。在通往成功演讲的道路上，没有任何捷径可以走，只有不断地上台去尝试，找到观众的兴趣所在，只有不断地进行量的积累，才能产生质的飞跃。如果只是在设想和设计，总也不走向前台，再好的演讲家也会被埋没。对着镜子的演练虽然不能不说是一种有效的办法，但是真刀真枪的实战才是提升演讲能力的最佳途径。

多角度沙龙的演讲有技巧，但更强调“诚意”，只有情感的联动才能让演讲产生“直指人心”的力量。任何精彩的演讲都不是完美的，都是充满缺陷的。成功固然重要，但是我们认为：成长比成功更重要！参加多角度沙龙吧，让我们携手并肩，一起成长！

张庆龙

第一期

01 Tony Chou和他的脱口秀：精神的自由

02 《中国好声音》团队解密：从体制到江湖的成功

03 让人兴奋的葬礼：一场引爆微时代的蝴蝶效应

04 因为爱情：从潜意识解读男女相爱的那些事

分享主题介绍

本书以每一期沙龙实录为一个篇章。本期沙龙由徐金琪主持，邀请四位嘉宾来分享脱口秀、好声音、微营销和爱情心理学这四个不同的主题。

01 Tony Chou和他的脱口秀：精神的自由

Tony Chou：我们需要欢乐，也需要思考，这就是脱口秀能带给大家的。脱口秀是一门舶来的艺术，但它正在被国人接受。精神自由和个性化表达是脱口秀的内核，在国际上如果能用脱口秀来传播中国文化，肯定效果超过念稿子的演讲。

02 《中国好声音》团队解密：从体制到江湖的成功

张庆龙：寻找《中国好声音》成功的密码，解析制作团队的团队构成、运作模式和运作理念。《中国好声音》的成功在于从体制突破至江湖，领先的是意识，成功的是追求。一个以“书写中国电视历史”为精神追求的团队，让电视收益对赌的模式从遥远的地方走进了行业的现实，从而开启了电视内容制造商的时代。

03 让人兴奋的葬礼：一场引爆微时代的蝴蝶效应

孙庆磊：自媒体“横行”的今天，你知道怎么做才是真正要火的节奏吗？当芙蓉、凤姐往事成追忆，当“一脱”不再得名利，当推手已身心俱疲，迎来的将是蝴蝶振翅挥洒天地。营销的原子化时代已经到来，话语权越来越微观，每个人都具备了引爆传播的能量。天时、地利、人和是营销运行的法则，质量与速度影响着营销的效果。如果你是草根，那么你需要了解的是，如何引爆草根营销的力量。

04 因为爱情：从潜意识解读男女相爱的那些事

李恕萱：自从《围城》这部小说问世以来，坊间盛传：婚姻是爱情的坟墓；在生活中我们发现，往往很好的两个人在一起却无法过得幸福；是什么让两个人相互吸引走到一起，又是什么让两个人互相伤害无法维持下去，难道真的是缘分和天意？演讲者将从潜意识的角度为大家解读，带领大家换个角度看爱情。

01 Tony Chou和他的脱口秀：精神的自由

【内容概要】

我们需要欢乐，也需要思考，这就是脱口秀能带给大家的。脱口秀是一门舶来的艺术，但它正在被国人接受。精神自由和个性化表达是脱口秀的内核，在国际上如果能用脱口秀来传播中国文化，肯定效果超过念稿子的演讲。

【多角度讲师介绍】

Tony Chou，一位在北京说国际笑话的脱口秀演员。英文脱口秀是他的特长，中文脱口秀是他努力的方向。他曾受邀去爱尔兰的国际喜剧节表演，在老外那里倍受欢迎。他也曾作为嘉宾参加了北京国际即兴喜剧节。国内外多家媒体，如《三联生活周刊》、美国《大西洋月刊》、美国《侨报》等都对他进行过报道。

【分享开始】

主持人徐金琪：我们大家现在已经很期望见到这位Tony Chou了，掌声欢迎他。Tony Chou，白天在一个中央级别的媒体机构中谨小慎微地做个记者，晚上打扮得“花枝招展”地游走于各个酒吧进行商业演出。这是你面前的Tony Chou，现在请他为我们展开他的脱口秀，掌声。

脱口秀就是在快乐中带有思考

Tony Chou：你们好吗？

观众：好。

Tony Chou：我不太好。我今天刚失恋，这是我结婚以来第五次失恋了，我现在觉得还是女人靠谱。（观众大笑）有这么好笑吗？我是个做脱口秀的，其实今天大家来参加这次活动，我们知道有四位嘉宾，我是第一个嘉宾。但其实我是来热场的，后面三位嘉宾也让我非常期待。有一位是庆龙，他是为《中国好声音》揭秘的；还有一位是庆磊，是讲微营销的；最后一位我特别感兴趣，她是一位美女。我不知道大家有没有注意，她是一个心理咨询师，更关键的是，她是一个催眠师。李老师，我不知道该不该问，你觉得作为一个催眠师来到这个现场，你讲什么还重要吗？

李恕萱（笑）：这样的话，我可以让你做更多的梦。

Tony Chou：我还有一个问题，是不是所有讲得很烂的人都可以当催眠师？（观众笑）今天有人问我，Tony Chou，你第一个讲，你紧张吗？我说不紧张，最起码我可以做一个催眠师。（观众笑）我其实是个中央电视台的记者。这是真的！（观众笑）待会儿大家要看到的第二位演讲嘉宾庆龙，他是中央1台的记者，也是真的。（观众笑）我是中央2台的记者，徐老师是中央12台的记者，所以徐老师等于我加庆

龙。当然，大家从外貌上已经看出来了。（观众笑）说实话，在今天这四位嘉宾当中，我是分量最轻的，如果门口放一个体重秤的话，你会对这个结论更加赞同。

Tony Chou：我今天状态不太好，我有点渴。难道这个时候，老板不应该给我来一杯饮料吗？我是中央台的，我要星巴克。（观众笑）

观众：太贵了。

Tony Chou：我决定多讲一会儿，让他们冻死在外面。（其他三位嘉宾正在露天阳台候场）我主要做英语脱口秀，为什么呢？在中国做英语脱口秀有巨大的优势，因为观众不管听得懂还是听不懂，都觉得你很牛。关键是用中文脱口秀不知道该讲什么，你去西方看英语脱口秀，全都是讽刺，讽刺政治的、讽刺社会的，讽刺各种各样你看不懂的东西。而在中国，我觉得这个社会太完美了，没得可说。

观众：你幸福吗？

Tony Chou：这个问题很困难，你别着急。你觉得你长得好看吗？

（观众沉默）

Tony Chou：那我呢？

观众：好看。

Tony Chou：我特别喜欢你，尤其是你的坦诚。（观众笑）说些什么呢？你知道我要说些什么吗？不知道，我也不知道。这就是脱口秀。我们平时在很多地方演出，很多地方都是小酒吧。我很惊讶地发现，有一帮人每次都来看我的演出。我就纳闷了，脱口秀听这么多次，有这么百听不厌吗？我知道刚才到现在很多人一直都很绝望，你知道，作为一个搞笑的，我不表现得弱智一点儿，你们怎么乐啊？

Tony Chou：我特别感兴趣现在观众为什么喜欢来看脱口秀。我平时经常跟黄西在一块儿，我们经常在北京的酒吧里演出。我有一次问一个观众，你为什么喜欢来看脱口秀，是因为这个演出有黄西啊，还是这个演出有我啊？他说都不是，因为这个演出有Wi-Fi。

Tony Chou：我为什么要做脱口秀？就是因为现在我们这些年轻

人需要快乐，而且我们需要有质量的快乐。什么叫有质量的快乐？就是表达自己，就是有个性。有人说，脱口秀是不是就是两个人在上面聊天啊？我说不是，脱口秀叫站立喜剧，它不是两个人的对话、访谈。在西方很多电视节目，一个嘉宾来了，一个主持人跟他去交流，这个叫脱口秀。但是上面的主持人，包括上面所有的很好玩的东西，所有这一溜线上的从业者全都是我这样的人，就是在酒吧里说这种段子的。大家可能知道一个著名的中国脱口秀表演者，那就是黄西。我也是在黄西老师的鼓励下来做这一行的，我觉得特别有意义。因为它给人带来欢乐，而且更重要的是它有的时候会给人带来思考。

脱口秀是用西方文化让外国人消除对中国的偏见

Tony Chou：我们发现，中国的相声大多是非现实题材，很多相声演员会告诉你，我跟你说个真事，这个事一定是假的。但脱口秀不是，脱口秀讲的全是真的，它就是谈你自己的生活，它就是展现你自己的个性。大家在西方会看到各种风格的脱口秀，有的人拿着一瓶酒上来坐这里边喝边跟大家讲，当然内容是很密集、很好玩的。有的人擅长互动，我也非常擅长互动，但是今天没法动，今天人都坐满了。而且这些同学特别可爱，就坐在一个垫子上，你们还没听完我讲座呢，就打算出家了，我很惊讶。

Tony Chou：脱口秀会给人带来很多思考，让你展现你的个性，我觉得这就是脱口秀的魅力。我也发现这些年，越来越多的电视频道，越来越多的网络上，也开始出现了脱口秀，而且是各种各样形态的脱口秀。大家可能比较熟悉的就是电视节目“今晚80后脱口秀”，在东方卫视。它是一个由很多段子手打造的节目，其中很多段子手平时也在我们的这个剧场里活动。首先跟大家讲一下，我做的是两件事，一个是英语脱口秀，一个是中文脱口秀。我做英文脱口秀的时间稍微长一点儿，是跟一帮西方人在一块儿做，全是老外，演员也是老外，听众也是老外。中文脱口秀完全是另外一个群体，演员也是中国人，听众也是中国人。我越用英语做脱口秀，越觉得中国应该有更多的人去做这个东西。因为大家可以想一想，中国现在在变得强大，中国的经济在飞速增长，现在世界上各个国家的人民越来越多地注意到我们了。但是你有没有想过，我们在向国际输出些什么东西？

Tony Chou：我们中国人讲话习惯于念稿子，这在国外有传播效力吗？没有。国际上对中国有很多的误解，我觉得需要去交流，因为交流太少了。我前两天刚从美国回来，在那里看了很多场脱口秀，还在华盛顿演了一场。结果第二天当地媒体就发了新闻，真的，可能跟我这没关系。其实在俱乐部里没有中国人，连亚裔都没有。他们看到一个中国人，一个亚裔面孔在这儿，他们问我，你是要上台吗？我说是啊，他们就离我远远的，他们觉得我是怪物。我在很多小的加油站加油的时候，因为你知道美国是移民社会，各种面孔的人都有，长什么样的人都有，他觉得我可能也是美国人。我去刷卡，刷完卡签名，我签了英文名，再签中文名，他拿来看了半天就很吃惊。这说明什么？这说明他们还不了解中国。

Tony Chou：所以，我觉得做脱口秀是一个很有意思的事情，如果你能用西方人的文化，用西方人的语言来讲中国的故事，能够消除外国对中国的一些刻板偏见，能够增进国际对中国的一些理解，同时又能够让中国人更国际化一些，这难道不是一个很好的事情吗？这难道不比我们平时做的那些严肃的传播节目更有意义吗？当资讯变得非常便捷、非常充分的时候，难道资讯本身还有那么大的意义吗？更有意义的是不是个性？更有意义的是不是解读？更有意义的是不是人的观点？所以我觉得，可能现在越来越多的电视台，越来越多的网络节目，也开始做一些脱口秀节目。而且最重要的是，脱口秀节目做的都是真的，说的都是真的，不是给你挠一下痒痒，让你笑一下就完事了。

Tony Chou：我觉得中国做脱口秀的人不是太多，而是太少了。黄西老师在美国生活了将近20年，今年年初的时候做了一个重大的决定，他决定来到一个雾霾非常严重的国家——中国。做什么呢？就是来尝试探索适合中国的脱口秀。我们都在摸索，脱口秀是随便一说就这么好笑吗？不是。我们平时在酒吧里讲的是什么？都是我们自己写的段子，把自己的生活写出来，把这些段子、这些生活拿到现场跟大家去分享。可能有的观众乐了，可能有的观

众不乐，我们不断试、不断改，最终攒了一些很好玩的东西。我到了一个新的现场，大家就会觉得很好玩，当然也有很多即兴的东西。很多人可能看过黄西老师在美国记者白宫年会上的那个脱口秀表演，只能说太逗了，太有意思了，你要知道，那是攒了好几年的段子，那是被试验了无数次的东西，放在那个现场，它就起作用了。

黄西很内向，与人对坐不说话会很紧张

Tony Chou：我之前不知道今天三位老师讲的都是社会热点问题，我很特殊，我讲的就是我自己的事情，我讲的就是我自己的生活。所以很多人可能不喜欢，很多人不喜欢脱口秀，那也无妨。现在要不我跟观众互动一下。

主持人徐金琪：好，现场互动。你的时间还有5分钟。好，现在哪位想提问？刚才笑得很欢，提问题都很沉默。

观众（举手提问）：请您教教我们，怎么让自己变得更幽默。

Tony Chou：是这样的，我其实不是个特别幽默的人，只是在台上还好，因为我喜欢这种感觉。我在台下甚至是个很内向的人。你如果跟黄西老师接触的话，你会发现他其实比我还内向，很腼腆的一个人。如果两个人在一块儿，你也不说话，我也不说话，他会特别紧张，就是这么一个人。怎样才能变得更幽默呢？我觉得首先幽默是一种态度，它不单纯是语言上的，语言上可能会有技巧，但是我觉得更应该是一种态度。黄西老师说过一句话特别好，他说，既然你面对的世界并不完美，为什么不一笑而过呢？

Tony Chou：当然有的笑话、西方的幽默它是讽刺，它是有力量的。它是不把话说明白了，它是通过大量的逻辑、推理，然后来挠你一下。我个人的经历是这样的，我上大学的时候学的不是英语专业，我学的是建筑类的专业。但是我特别喜欢上台做英语演讲，所以我当时代表学校参加了很多英语演讲，后来又去新东方当了好几年的英语老师，后来又去了央视。随着你上台的次数越来越多，你可能会在台上越来越自如。没有人天生是幽默的，很多人在台下很幽默，但是一旦上了台之后就不一样了。从技术角度上来讲，是因为你在台下的时候，你跟你的同事或者朋友在交流的时候，他们很熟悉你，大家很放松。但是一到台上之后，你需要先让观众放松下来，这就是个技术含量很高的活儿。

Tony Chou：再一个，你需要怎么讲有大量的铺垫，这种铺垫是潜移默化的，不小心就把观众领到你的陷阱里来了，然后戳他一下。怎么让自己变得更幽默，我觉得主要还是要上台多讲，而且多跟有意思的人在一起聊天，时间长了就变得幽默了。我在新东方，你知道新东方就像《曲苑杂谈》一样，你整天看着各种各样很幽默的人，自己就会受到感染。当然关键还是多讲，我在新东方讲了无数的大场子，最大的场子讲过三千多人的。你想，如果每个人都经历过这么多场讲座，或者说是演讲的话，他一定在台上很自如，一定能把最放松、最喜欢表达的东西展现出来。这就是我的一点思考，不知道我回答得好不好。

脱口秀的核心精神是自由，有时候会坐到观众腿上说

主持人徐金琪：掌声一下。好，还有没有再提问的？好，你来说。

观众：我想问一下，你觉得女性的幽默和男性的幽默有什么区别，在您看来？

Tony Chou：我觉得首先中国人的幽默和西方人的幽默就很不一样，中国人喜欢听的幽默，咱们平时看的相声也好，看的小品也好，都特别直观。它不太需要去想，不太需要跟你的逻辑走，它不需要带入，更多是一种角色扮演，很直观地展现给你，它很热闹。你看，包括相声也是，那个捧哏，他一定是代表观众，他把很多话给解释一下，给带一下。但是西方就不是，西方人是这种逻辑，一旦你把话说明白了，大家就觉得不可乐了。我举个例子，什么叫逻辑笑话。我很喜欢美国一个演员，他经常讲一些挑战伦理的段子，其中有一个这样讲的，他说：在过去的两年里，我一直在找杀我前女友的杀手，但是现在两年过去了，还是没有人愿意干这个事。能听懂吗？他前面的逻辑是带入到那个人已经把我女友杀死了，我一直在找那个人，但是后面出乎意料给你来了一个但是现在还没有人愿意干这个事，还没有人愿意当这个杀手。他许多笑话是这样的。

Tony Chou：而且西方的东西都很真实，但是你看中国就不是，中国讲的东西都是假的，他更强调的是荒诞性，就是这个事情很荒诞，你想象不到，就是一些很极端的情况，所以在这个大的环境下，在西方国家和在中国，女性的幽默就挺不一样。目前我们还不足够开放，还不足够包容。我觉得脱口秀的核心和精神就是自由，你这个人在台上说什么都行，所有的人喜欢听你说话，是为你的价值观、是为你的个性付费，所以每个人都有他自己的观众群。但是在中国，我们给女性的标签，刻板性太多，必须得端庄，必须得高雅。对吧？你必须得贤淑，不能特别强势，对吧，李老师？（观众笑）因为李老师是做心理学的，真的，真的是这样，她会有很多的束缚。

Tony Chou：而且在中国，有时候你讲了你的观点，过激了就有人较真了，他们觉得很多事情都只有一个答案。但是我依然觉得中国的女性有自己的幽默，毫无疑问，我们毕竟有几千年的传统文化，怎么把它提炼出来，把它变成我们现代人能够接受的、能够喜欢的东西。当然这是我的责任，我们这行人的责任。

主持人：好，谢谢Tony Chou，掌声。后面的，哪个？好，你。

观众：问一下老师，中国现在有海派清口的，还有郭德纲的，可以说是咖啡和大蒜，您觉得脱口秀在中国应该属于大蒜，还是咖啡，还是另外一种表现？

Tony Chou：我觉得他们都是脱口秀，美国也有很多，有人专门讲性笑话，有人专门讲政治笑话，有人专门讲小清新。他讲的东西一定符合他自身的性格和他的生活阅历，一个记者讲什么东西，和一个在这儿的同学讲什么东西，他的视角是不一样的，都可以很有技术含量，都可以很有艺术感。不是说我们一定要把某个东西定义成叫什么，一定要按照什么东西做那才叫脱口秀，不是的。这就是刚才我讲的，脱口秀是一个很自由的东西，你在台上，只要跟观众交流就叫脱口秀，观众喜欢你就可以了。你可以边唱边说，你可以躺着说，你可以加乐器，你可以用各种方法。我在有的场子里演出的时候，我会坐到观众腿上去讲，有的时候。

Tony Chou：所以周立波他其实就是一种脱口秀，只不过是他的个人性格，有的人喜欢，有的人不喜欢，无所谓。他可能体现的是一种上海的文化，有的人是不喜欢这个文化，但是他在艺术上还是挺厉害的。当然我说的是脱口秀的现场演出，不是《一周立波秀》，那是两回事。脱口秀本质上是个现场演出，就跟你看话剧，你不可能在电视上看，它是不一样的。它是一个现场操控观众的艺术，你在电视上看的很多东西就不一样了，而且它是电视化了，那涉及团队的问题。你提到郭德纲，他的表演也是脱口秀。还有王自健，不是说有了郭德纲，有了周立波，就不能有王自健了，不是说有王自健了就不能有黄西了，不是说有黄西就不能有Tony Chou了，对吗？

《中国好声音》团队解密：从体制到江湖的成功

【内容概要】

寻找《中国好声音》成功的密码，解析制作团队的团队构成、运作模式和运作理念。《中国好声音》的成功在于从体制突破至江湖，领先的是意识，成功的是追求。一个以“书写中国电视历史”为精神追求的团队，让电视收益对赌的模式从遥远的地方走进了行业的现实，从而开启了电视内容制造商的时代。

【多角度讲师介绍】

张庆龙，游走在体制与江湖的跨界媒体人。从传统媒体《南方日报》起步，在网络媒体搜狐奋斗提升，在电视媒体中央电视台完成跨越和转型。担任中央1台大型综艺节目《出彩中国人》《舞出我人生》项目统筹，担任《最美那首歌》总撰稿，是中国第一档电视公开课《开讲啦》和《一起聊聊》导演。

【分享开始】

主持人徐金琪：咱们看微博上经常说一句话叫“游走于体制与江湖之间”，为什么这么说呢？在很多人眼里，CCTV就是一个体制，张庆龙实际上是流着南方血液的媒体人。他最早实习单位是《南方日报》，然后他在中央电视台干了一段时间，又到了搜狐做新闻编辑，最后被请到中央1台做策划、编导。这几个节目大家可能知道，《舞出我人生》知道吧，有多少人知道？（观众举手）他就是项目统筹。《最美那首歌》有谁知道？挺怀念，挺经典的。很失败，可惜没什么人知道。这有一个知道的，那个妹妹真捧场。估计她不知道，她捧你场。（观众笑）但是《最美那首歌》为什么失败呢？因为他是总撰稿。（观众笑）《开讲啦》，（观众欢呼、举手）他是第一导演。

张庆龙：还是品牌有效应。

主持人徐金琪：另外来讲，《一起聊聊》有知道的吗？又失败了。看来就是出于同一个人、同一个团队，也有成功有失败。像Tony Chou说的，就在舞台上试吧，试感觉，找对感觉，你认可就赢了，不认可就输了。但是，《中国好声音》被认可了。所以今天，由于庆龙跟《中国好声音》团队有过亲密的接触，他了解很多为我们所不知的东西。今天20分钟能不能讲完我不知道，但是我们现在掌声欢迎他来讲，揭秘《中国好声音》。

刘璇大呼“舞出我人命”，摄像师漏掉细节被吼

张庆龙：我今天讲的这些东西可能跟大家生活会比较远一点。刚才很多人看过《开讲啦》，借用网络上流传的一句话，“不转不是中国人”，现在可能没看过《中国好声音》的都不是中国人了，有没有没看过的？

观众：我没看过。

张庆龙：知道肯定都是知道的，不一定看过。

主持人徐金琪：你可以把椅子转过去了。

张庆龙：这位朋友看都没看过，肯定没有导师为你转椅。（观众笑）我今天就为大家讲一下我所感知的、所知道的《中国好声音》背后的东西。你们看到的是屏幕上的，我看到的是屏幕背后的。大家看一下PPT上这几个人都认识吧。

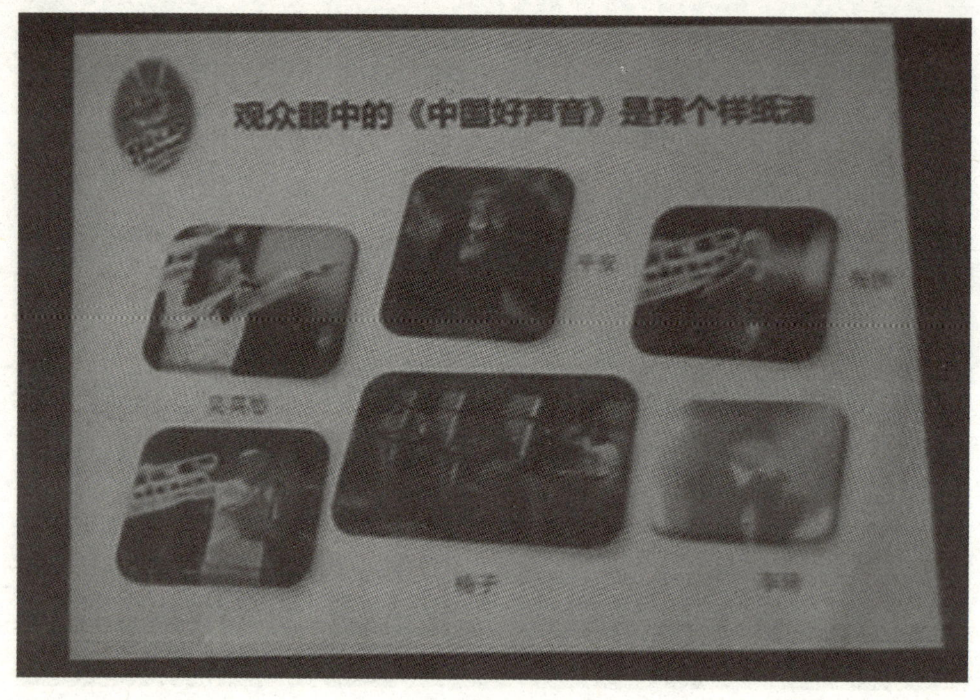

观众：认识。

张庆龙：肯定都认识，还有特别著名的一位，就是椅子。这个图是我们普通观众看到的《中国好声音》，我们可以看到的是它的节目形态。这个节目里有明星，也造就了很多明星。这些人可能之前都是几百块、几千块的出场费，现在变成几千万的身价。这就是这个节目的魅力。但是，行业内部人士看到的《中国好声音》是什么样的呢？

张庆龙：这几个图片有的是真的，有的是假的。很明显，这个小朋友充当摄像的图是假的。然后这个编导团队的图呢？可能大家猜不到，其实这是《舞林争霸》的编导团队，但是他们是一个公司的，所以我把这几个人也放在这。这个人是节目的总导演，叫金磊，是一个特别年轻、有才华的人。他的才华在哪呢？就是把所有的活丢给他手下的导演来干。开玩笑的。这个被他丢活的人，叫陈涤。他是负责这个节目地面推广的，谐称叫作三条君。还有一个人对于《中国好声音》来说尤其重要，因为大家可能都知道，节目播出后有很多的争议，有人说《中国好声音》就是假的，你的故事是假的，你看网上有谁谁谁的负面新闻，谁谁谁又怎么样了，我们都扒出来了。这个人，却会把所有的争议变成对节目来说的好事，他就是传说中的宣传总监陆伟。我听说他们公司前一段跟运营商做了一个合作，所有的员工都可以免费领到最新款品牌手机用。我跟陆伟说，我也想要，递个简历给你吧，结果被他无情地拒绝了。（观众笑）另外还有个人是要特别介绍的，甚至是我们行业内的人会觉得他这个设置会是未来电视节目制作的一个特别重要的环节，这个人是他的故事总监。在我们国内做电视这一行里面，一般没有一个专门的编剧，编剧是给电视剧来做的，但是他就是专门给电视节目做编剧的。

张庆龙：那我们肯定要说，你这东西真的是假的了。一会儿我会告诉你他怎么做编剧。接下来我们看节目的后期团队，这些人大概在三个月的时间内都在“不见天日”。只要节目一开播，每周录制一次，根据播出的效果，哪好哪不好都要改。改完了再加班加点做，所以这些人基本上都是过着欧洲人的时间。你上午就不要给他打电话了，他肯定不会接的，因为他在睡觉。到晚上你睡觉的时候，他会给你打电话骚扰你。这张图是他们的摄像团队，我不知道有多少同学去现场看过？到电视录制现场，大家能看到更多。摄像的活可能会有人觉得特别轻松，因为他只要把机器架在那儿就行了。但事实上，因为《中国好声音》的制作是一个真人秀的理念，对摄像要求很高，你要跟拍、抓拍。

张庆龙：我认识有一个摄像小伙子，很年轻，快接近90后了。他负责整个嘉宾的跟拍，除了嘉宾上厕所的时间，剩下的他都要抓拍到。有一次，我们做《舞出我人生》的时候，刘璇在舞蹈室里面排练，当时她跟她的舞伴练习托举，舞伴要把她托起来，这种托举在舞蹈当中难度特别高，我一直以为那是杂技，后来发现是个舞蹈。托起来的时候特别危险，她下来就说："这哪是舞出我人生，这是舞出我人命啊。"很可惜的是，这会儿摄像大哥去了厕所，这一瞬间没被抓拍到。《舞出我人生》的一个评委叫方俊，他是中国很著名、很年轻的青年舞蹈家，负责整个节目的编舞以及艺术呈现这一块。他坐在舞蹈室地板上看刘璇排练，就拍着地板喊："摄像在哪里，摄像在哪里？"那摄像兄弟没一会儿就提着裤子从厕所里跑出来，问："怎么了，怎么了，方老师，怎么了？"所以他们摄像很苦，不像大家想象的那样。

《中国好声音》总导演给导师"递条子"

张庆龙：这个总导演金磊，我刚才说他是把所有活摊派给下面，其实是开玩笑的。这个人是在灿星公司做《中国好声音》《中国达人秀》这些大节目的。他在做音乐节目方面特别牛，所以他负责《中国好声音》。还有一位做舞蹈节目特别牛的负责《舞出我人生》。《中国好声音》的成功其实很大部分在于专业，大家听到觉得真的是好声音。现场大家知道有四把椅子，其实我就在庾澄庆背后的一个阴暗角落里，一个观众看不到的地方，我们就躲在那个小角落里面，把声音做到极致。现场立体声特别好听，因为收音是一个特别技术的活，大家听到的声音肯定不是现场声音，要还原出来怎么办？就有一个工作叫修音。比如我觉得自己声音不够那么爷们，跟我的形象不符合，可以再往上推一点点，完全可以做出李逵的声音来。所以，网络上不也说《中国好声音》俗称《中国好修音》吗？但是我可以负责任地说，只要你听现场，你会发现这些选手的声音水平确实非常高，音乐水准是非常高的。但是必须得修，因为要电视还原，要给你呈现一个很完美的音乐和效果。

张庆龙：还有一件事也是导演干的，这个总导演悄悄给导师塞纸条。每一次录完之后，比如说椅子转完了，或者不转，OK，这个录完了，怎么办？他上去给导师讲下面来这个人什么样，他身上有什么故事点。这时候故事就涉及刚才我说的那个故事总监，他有一些编剧的意识在里边。比如说像我这个人，我今天来我有一个点，他就会把这个点着力放大，会告诉你怎么来放大这个点。金磊会跑去跟导演交流，给他塞一个小纸条。你转不转他不管，这个绝对是真的。如果觉得这个学员不好，他不会逼着导师转椅子，但是他会告诉你如果你转过身之后要问什么。庾澄庆起到主持人的作用，他能说出很多有深含义的东西，也能说出很多搞笑的东西调节气氛。这点就比有些导师强太多了，因为他们只会问“这些都不重要，你的梦想是什么”。而这一块的精彩都要归功于他的纸条。

张庆龙：你看，我刚才说的这些有一些是设计感很强的，那有人就要问了，在电视上看到的这些东西是真的吗？《中国好声音》是真的吗？我可以负责任地说：是真的，它的声音水准真的是超一流的。选手很多是专业选手，是那种唱现场都没问题的主儿，他们声音水准特别高。我说的“以事实为准绳，以设计为依据”就是指编剧意识。他一定对这个人有一个包装和设计，符合电视化的呈现。你是一个很平凡的人？不对，每一个人都是传奇，他就负责挖掘你身上传奇的点，对这个东西进行放大。当然他不是上来就说“我们家多惨，又怎么样”，不是这种。不是一种传统的故事陈述，而是有编剧意识、有戏剧化的冲突在里面。

张庆龙：比如说，做节目的时候，他对评委的个性很了解，如果遇到一个很不真诚的人，评委会很生气，而且这个人说话的语气会刺激到评委，评委马上爆发对他进行反击。他就会设计其中的环节让这种冲突爆发。这就是编剧的作用，这个故事怎么发展他有预期，不是让故事一定要按照预期的设计发展。

张庆龙：我刚刚已经把编剧的作用说完了，这个没有按照PPT顺序来，我下面要按套路出牌，咱们接着往下走。我总结一下《中国好声音》的成功，第一点是它的节目模式，在那一刹那之间，人的命运发生改变，椅子转过来，兄弟你就成名了，你就是腕儿了，你就是土豪了。其实我可以告诉你，他一天要录十几二十个选手，最后剪出来可能是一两个人。第二个就是专业的制作水准，《中国好声音》的这点在行业内确实是领先的，无论是音响还是后期的剪辑。大家可能不知道，做电视是比做电影糙一点，比如做电视，现场录制然后进行简单的调整之后就可以做成节目开始播了。但是电影呢，是不行的。电影要求严格按照设想的效果来，前一个镜头和后一个镜头之间的色差都要调整的。今天我是白天录的，然后我要对接下一个镜头，可能变成傍晚的，一定要把这两个镜头的色差调得很小，让观众没有突兀的感觉，这是做电影。现在不知不觉电视已经走到这一步，会把声音拿去修，会把画面拿去调色，就完全是用做电影的节奏来做电视。所以一个节目投入几千万真的已经不算是大制作了。

《中国好声音》是从体制到江湖的成功，第二季广告超10亿

张庆龙：最后我要说的，也是我今天给大家讲的一个重点。因为今天有很多学生朋友在这儿，不会对电视市场有多么了解，不会知道灿星公司和《中国好声音》到底创造了怎样的中国电视史上的历史。其实它使用了对赌协议之后，把

电视制作商的主导地位确立了。

张庆龙：先问一下，制播分离大家熟悉吗？简单地说，就是制作和播出是分开的。对赌协议是这样的，这个节目我是制作方，我跟播出方是来谈条件，保证收视率达到多少。但是同样也要求播出方必须让广告收益达到一个数字。制作方达到一定收视率，播出方要给分多少的广告收益，超过一定收视率，播出方要多给分钱。概括地说，这就是“人有多大胆，地有多大产”。2013年《中国好声音》第二季的广告就超过10亿，那我们就看看是谁大胆使用了这种对赌协议，谁是这个超级赌徒？灿星的老总叫田明，是一个非常有魄力的人。他带领这个团队靠的是一种积极的精神力量。记得有一次录像结束，他给所有编导开总结会，他说你们不要以为你们是在做一个节目，你们是在创造中国电视的历史。

张庆龙：但是，每个传说背后都不是孤立的，都有其存在的江湖。田明背后还有一个男人，如果是行业内的人肯定会认识他，叫黎瑞刚。从某个角度来讲，中国最先进的生产力还是在上海江浙这一块，这个区域是绝对具有国际视野的。田明原来是东方卫视和东方新娱乐两个频道的总监，但他后来出来做了灿星公司，黎瑞刚就是支持他的人。所以亲爱的男同胞们，想要成功，不仅要找好一个女人，也要找对一个男人。

张庆龙：灿星脱离了体制到了江湖，我今天在分享的题目就是“从体制到江湖的成功”，当然不是我自己的成功，是灿星的成功。现在中国所有从体制内衍生的电视制作单位都跟母体有着千丝万缕的联系，但是灿星是完全不受东方卫视控制的。正是因为没有母体的强势控制，灿星在没有了退路的时候也必须要找到一条出路。怎么办？只能到市场上去打拼。灿星真的闯进了市场，靠资本运作的市场规则在拼搏。而在有播出平台的情况下，大家就容易没心思这样做。因为我做一个节目反正一定会有地方播，根本不需要做的有多好。可是市场却是：你做不好真的没得吃。

张庆龙：我看了一下，距离给我规定的时间还有半分钟，大家以为最后这个PPT的内容是谢谢观看，不是，还有的。

（PPT字幕：1. 这个小伙讲的太好了；2. 这个小伙是谁啊？求认识；3. 顶楼上；4. 其实我是打酱油的。）

主持人徐金琪：好无耻啊，掌声再热烈点吧！我感觉这个演讲是为相亲而准备的，你刚刚一直说你年龄，你年龄多少？

张庆龙：明年我记得好像就20了吧。

主持人徐金琪：好，时间到，不准再展示了，掌声谢谢他。

张庆龙：刚好最后一条，谢谢大家。

思想自由才能带来真正好的电视节目

主持人徐金琪：他刚才最后是靠广告给他挣时间的，正好20分钟，下面5分钟互动时间。好，这位妹妹你先说。

观众（提问）：你好，我想问一下，现在咱们说的几档很火的节目，国外都是有版本的，我不知道未来中国有没有可能自己开拓一种节目模式？

张庆龙：一定会，一定会的。这个问题是这样，我们现在是引进节目模式，为的是未来自己能创作。我们现在真的比人家有差距。有网友开玩笑说，看一下美国现在播的，可能就是我们十年后要做的，是这样的。我们为什么要引进模式？引进的节目模式，大家看到的可能就是电视呈现这一块，实际上它背后有一个东西叫《制作手册》，江湖俗称《制作宝典》，跟《葵花宝典》不是一个事儿，但是功能相似，就是练了之后功力能迅速提高。这个宝典每家公司做的不一样，会有一些不同，有的非常细，有的非常粗。细会细到什么程度？可能会细到告诉这个摄像大哥，你拍我脸的时候拍左边还是拍右边，老外是很认真的。模式引进来之后，我们实际上是跟人家迅速学习，也是跟国际接轨的一个过程。以前我们山寨人家，看到有好的节目模式就自己也做一个。现在有特别多的节目模式公司，每天跟客户推荐节目，这有十个节目你看一下，哪个好挑一个？山寨人家不行，我们看到的这些和制作宝典的要求是完全不一样的。就像我刚才讲的《好声音》可能是你们屏幕看不到的，我们要引进也是引进人家背后的东西。我的观点是这样，中国人从来不缺乏聪明的才智，但是要摆脱束缚才智的思想牢笼。

主持人徐金琪：不错。还有哪位提问？后面有没有同学？

观众（提问）：我觉得《中国好声音》实际上除了声音的层面之外，它感动很多人的是故事。把《中国好声音》和《舞出我人生》相比，我觉得《好声音》就是讲故事。我想知道，刚才您说核心团队当中的核心人物是编剧，那么他在做这个故事的时候，核心的价值理念是什么？

张庆龙：其实这两个节目都是在讲述故事，讲述人生的故事。这里有一个很重要的理念。有一天我们录制节目，故事总监在现场发彪了。他问导演团队的导演们："你们都在做什么东西？你们在做的东西你们喜欢吗？你的选手你爱他吗？你如果不爱他，你做出的故事还有感情吗？这个爱不是做出来的，爱是用心感受出来的。"我听完特别认同他的观点，就是"你一定要先爱你的选手"。这个选手可能不是我们喜欢的那种人，你跟每个人接触，每个人都有自己的个性，有些你会非常喜欢，有些你会非常讨厌。如果他的个性就是让人讨厌的那种，我

记得有位选手的妈妈非常讨厌，经常质问导演为什么让儿子做这做那，在拍摄现场跟大家胡搅蛮缠，如果面对这个选手的妈妈，你作为一个导演，会不会爱她？如果你不爱她，你挖掘的故事就是没有爱的。所以他的核心理念我总结就是“用爱做故事”，这也是现场这位徐金琪大哥常做的事情。

主持人徐金琪：你们演讲也要有爱。好，下一位。

观众（提问）：为什么《中国好声音》不让唱原创的音乐，都是模仿导师的歌曲？为什么没有原创？

张庆龙：这个是现在音乐节目遇到的一个很大的问题，大家会发现原创的歌曲其实很少，或者说基本上就没有。这是基于一个收视率的考虑，原创歌曲能得到大家认可的比较少，所以都找一些已经经过时间检验的老歌，大家耳熟能详的。还有一个原因，就是根据选手自身，比如说像我这样的声音条件，他们就绝对不会给我选迈克尔·杰克逊的，一定选什么臧天朔之类的。

主持人徐金琪：最后一个问题。

观众（提问）：我想问一下，你最近有没有关注《爸爸去哪儿》这个节目？

张庆龙：一定有关注，要不然我就是失职加失业了。

观众（提问）：那我就问这个节目，我知道《爸爸去哪儿》是从韩国引进的，您怎么看？它现在的收视会不会超过《中国好声音》？

张庆龙：这个节目是一个非常流行的趋势，叫作户外真人秀，它是户外发生的纪实态的真人秀节目。但是为什么目前只有这么一档？一方面是因为制作难度大，另一方面是因为制作成本高。有一个镜头我不知道大家注意没有，是转弯时候的一个镜头，观众会发现在那弯路上排了二十多个摄像机。有这么一个镜头吧？这样的节目对摄像有一个很高的要求，中国的摄像从来没有这样干过活。你看节目的镜头，一旦跑起来镜头就非常晃，让人看得很晕。就是因为我们摄像没有经历过这个，相信在以后，我们这种真人秀节目会越来越多。

让人兴奋的葬礼：一场引爆微时代的蝴蝶效应

【内容概要】

自媒体“横行”的今天，你知道怎么做才是真正要火的节奏吗？当芙蓉、凤姐往事成追忆，当“一脱”不再得名利，当推手已身心俱疲，迎来的将是蝴蝶振翅挥洒天地。营销的原子化时代已经到来，话语权越来越微观，每个人都具备了引爆传播的能量。天时、地利、人和是营销运行的法则，质量与速度影响着营销的效果。如果你是草根，那么你需要了解的是，如何引爆草根营销的力量。

【多角度讲师介绍】

孙庆磊，国内较早实践社会化媒体营销的广告人。先后在万达集团、国际4A广告公司及TOP公关公司担任创意总监、艺术指导、总经理等职务。多次在国内外获得营销创意大奖，曾经是丰田、雪铁龙、华晨、飞利浦、海尔、美的、百度、微软等数十家国内外企业的营销创意操盘手。著有畅销书《淘金微营销》。

【分享开始】

主持人徐金琪：下面我们掌声欢迎第三位演讲嘉宾孙庆磊。孙庆磊是我特别好的朋友，他是一个优秀的广告人，当过经理，当过创意总监，也当过公司总经理。咱就不说这个了，他的好多作品也获得过很多创意的奖项，大家看的那个杂志《现代广告》《国际广告》，都刊登过他的很多作品。他不光是一个公司的经营者、执行者，还是一个老师。他讲微营销讲得很棒，有一次讲微营销的时候，突然间……他爱人在这，我都不好说了……突然间一个美女说：孙老师，你讲得真棒。今天，我们就让他来讲这个题目——“让人兴奋的葬礼：一场引爆微时代的蝴蝶效应”，我们掌声欢迎他，好吗？

富豪“发疯”埋葬豪车，美女愿以身相许拯救宾利

孙庆磊：亲爱的小伙伴们，大家好，今天我讲的话题是引爆新媒体的天地人法则。在开始这个话题之前，我想先问大家一个问题，知名度对一个人的成功来讲，重要还是不重要？

观众：重要。

孙庆磊：对！大家可能说，废话，能不重要吗？肯定重要！我的公司现在大概有不到200人，2013年招聘了一批应届毕业生，他们现在薪水是3500元。就目前来看，他们的收入基本上没有任何差距。但是，我可以预言，在5年以后，他们的收入可能会差距几倍、甚至几十倍。为什么？因为一个人想要升职，想要加薪，靠的是他的不断努力。但是想在职场上飞跃的话，靠的是他的能力和他的知名度。

孙庆磊：当我们在社会上积累了5年、10年，当我们能够独当一面的时候，当我们想创业的时候，当我们想在职场飞跃的时候，我们就要考虑，如何引爆自己的知名度。今天我就分享一个故事，跟大家分析一下，成功引爆新媒体的天地人法则。这个故事是在2013年9月16日英国的《每日邮报》报道的，标题叫作《让人兴奋的葬礼》，是关于巴西一个62岁的土豪的故事，他的名字叫斯卡帕。就在9月16号，他在facebook上发布了一条信息，信息的意思是什么呢？我买了一台宾利汽车，这台汽车不是用来自己开的，也不是用来送人的，是用来干什么的？是用来埋的。大家没有听错，是用来埋的。为什么？因为他太喜欢这款车了，以至于他想在死后仍然能够驾驶这款车。于是他就不断地寻找，寻找在死后驾驶这款车的方法。

孙庆磊：有一天，他看关于埃及法老的视频，发现殉葬这个方法可以让自己在死后仍然驾驶这款车，于是就有了大家看到的这条信息。因为他本身就是一个非常有影响力的人，所以这条信息已经影响了很多人。他的很多粉丝就在网络上评论：这条信息是假的吧！是不是噱头？你是不是又在炒作自己？

孙庆磊：为了让人相信他，第二天，他又发了一条信息。这次的图片比第一次更猛：他站在闪闪发光的宾利汽车前面，穿着一身笔挺的西装，拿着一个铁锹，他的面前已经挖好了一个大坑。然后，他告诉大家，我已经在自己的后院挖了一个大坑，就在这周的最后一天，我要现场直播埋葬宾利的全部过程。这个时候，很多网友认识到，这回是玩真的，很多人恨得牙根直痒痒，这家伙怎么这么有钱？为什么不捐给我？还有一个年轻的姑娘给斯卡帕发了一个信息，说斯卡帕先生，要不您这车就别埋了，就送给我吧，我愿意以身相许。

孙庆磊：斯卡帕觉得，这次这条信息很多人都已经相信了，但是他认为还是不够。第三天，更加夸张的图片出现了，这次动用了大型的挖土机。他同样是穿得非常干净，然后在一台大型挖土机上操作，在自己的后院挖了一个很大的墓穴。

孙庆磊：就在第三天的晚上，斯卡帕还参加了巴西非常著名的脱口秀节目，跟这位著名的脱口秀主持人合影，一起来传播自己想要埋葬宾利汽车这条信息。好，经过7天的不断爆料，这个事件已经吸引了很多人注意。在第7天的时候，在中国，在网络上同样可以搜到他的信息。到目前为止，他的信息曝光量在中国的搜索网站上你可以搜到3400多万条。这么大的曝光量他是怎么做到的呢？之后我们会去分析。

孙庆磊：经过7天的爆料，好戏马上就要上演。就在埋葬宾利的那天，举行葬礼的那天，很多主持人聚集到他的后院，很多人都在模仿他的哭腔，预测他是怎样来狼狈收场的。就在宾利汽车要被埋葬的那一刹那，斯卡帕突然叫停了葬礼。他拿过主持人的话筒告诉大家，我有重要的事情要向大家宣布。这时候，所有的记者都围过来了。斯卡帕是不是在玩什么新花样？然后斯卡帕接着说，7天以前，我宣布要埋葬这台宾利车，其实是欺骗了大家。这时候，很多人都开始在下面喊，你小子骗了我们。然后他马上清清嗓子接着说，在我宣布埋葬宾利汽车这7天时间里，有很多人对我恶语相向，很多人都在谩骂我，说我是在浪费，为什么不把这台宾利车兑换成现金，捐给那些需要的人呢？

孙庆磊：但是大家有没有注意到，斯卡帕接着说，其实每天有很多人在埋葬比这台宾利汽车更加重要的东西，那是什么？那就是我们健康的心、健康的肺，以及健康的其他器官。大家有没有注意到，有很多人、很多患者身患重病，也在同样等待着健康的器官移植，但是他们没有得到器官的捐赠，在病痛中死去，离开他们的家人，离开他们的朋友。今天我要埋葬的这台宾利汽车，对于每天很多人埋葬自己珍贵的器官来讲，又算得了什么呢？这时候斯卡帕举起来一块牌子，上面写着“我是一名器官捐献者，那么你呢？”各位，此情此景，如果我们是在现场的话，会不会也加入这个组织？现场就有很多知名的明星走到了台上宣布，我要加入这个器官捐献者的组织，还有很多记者也表示赞同斯卡帕的观点。

营销应先占“天时”，不要和大腕抢头条

孙庆磊：这个时候，大家就可以看到，斯卡帕已经感动了现场所有的人。用7天时间的运作，斯卡帕和他的团队聚集了很多很多的目光，吸引了很多很多人的注意，包括纸媒体、电视媒体、自媒体以及网络媒体，他是怎么做到的呢？我现在就给大家分析一下。

孙庆磊：第一个是天时。天时是什么？对于传播来讲，天时就是搭乘热点，天时就是要找一个好的时机搭乘热点。就在2012年3月24日，美国的前副总统，71岁的查理在美国的一家医院接受了心脏移植手术，手术非常成功，但是却引来了非常大的争议。为什么？因为有很多年轻人同样也在等待着器官手术而没有得到捐赠，这位美国前副总统通过自己的特权得到了自己想要移植的器官，在美国这样一个言论自由的国家，这是非常容易引起人的争议的，美国人还给查理画了很多妖魔化的漫画，在网上传播了他很多不堪的段子。

孙庆磊：还有一个故事，2013年6月12日，10岁的女孩萨拉在美国的费城接受了肺部移植手术，手术同样非常成功，但也是引来了非常大的争议。为什么？因为美国有法律规定，未成年人是不能接受成年人的器官移植的。但是就在这个孩子病危的时候，她的家人不断在为自己的孩子申诉，法官最后就网开一面，判定这个孩子可以接受成年人的肺部移植。我们从一个角度来看，从这个孩子家人的角度来看，网开一面的法官是一个非常具有人情味的法官；但是我们如果从另外一个角度来看，很多成年人也在等待肺部的移植，从这个角度来看，这就是一件不符合法律规律的事情，所以同样引起了很大的争议。

孙庆磊：正是因为网络信息的不对称，以及很多很多的非法交易，造成了什么？造成器官移植成了一个世界性的热点话题。正是这个热点话题给了斯卡帕埋葬宾利汽车的传播土壤，对不对？他引爆这个话题有两个热点，一个是炫富，中国的很多名人就是通过炫富来吸引大家注意力的。这个斯卡帕也是通过炫富来吸引人的注意力。另外一个热点，是他收尾收得非常好，为什么？因为这是一个公益的活动。有些人每次都在自己做秀，收尾都是很突兀、很直白，没有什么修饰。斯卡帕公益性的收尾，让媒体给了他一个正面的报道。

孙庆磊：我们做微博营销的时候，也一定要给自己的传播一个正面的报道，为什么？比如说我需要一个名人帮忙转发的时候，你给他一个公益的理由，他就很容易给你转发，但是一个商业的理由，他就很可能会拒绝你。

孙庆磊：我们再讲一个反面的案例。就在2013年的9月13日，著名歌星汪峰发布了一条信息，说自己要离婚。按照常理来讲，这条微博肯定非常火。但是很不幸，就在3个小时之后，王菲也发了一条同样的微博，她说她也要离婚！这时所有想要报道汪峰离婚的记者和网友们都齐刷刷地转向了王菲离婚事件。毫无疑问，王菲是比汪峰人气更高的演艺圈明星，本来一个很好的炒作热点，却成了王菲离婚的背景音乐。所以我们建议，以后在抢占营销的“天时”时，千万不要和人气更高的当红大腕抢头条。

营销应次占“地利”，不是李开复、马云一样可以当意见领袖

孙庆磊：第二个成功的条件是什么？就是地利。地利考验的是一个人或一个团队对于新媒体、对于传统媒体以及各种意见领袖的整合和把握能力。斯卡帕的团队在短短7天的时间里，整合了哪些媒体？首先是电视媒体，他参加了脱口秀，并且和著名的脱口秀主持人合影，一起来宣传自己埋葬宾利汽车这个想法。第二个媒体是纸媒，各种报纸报道了这件事情。第三个是网络媒体以及自媒体。往往在我们有一些创意、有一些信息的时候，我们就需要一些可以传递这些信息的渠道，这时候就要考验一个人和一个团队整合媒体的能力。

孙庆磊：我们需要整合哪些媒体？现在媒体分三类。第一类是免费媒体，也就是自媒体。自媒体包括哪些？微博、微信、社交网站、社区、社区论坛以及视频媒体。对于自媒体来讲，我建议各位选择一到两个自己运营的媒体就可以了。因为各位不是专门做传播的，一到两个媒体主要经营，其他媒体作为你的辅助阵营。比如说，你主要经营你的微博，或者主要经营你的微信。选择的标准是什么呢？就是你要重点打动的受众，受众在哪里，你就选择哪个媒体。

孙庆磊：比如说，你要打动的是白领，你就要选择新浪微博；你要打动的是一群搞动漫的人，你就要选择优酷视频网站；如果你要打动的是一群专业搞汽车的人，你就要选择汽车之家这类的专业论坛。先敲定一个主力阵营，然后再选择一些辅助阵营，这是在经营自媒体时一个最关键的法则。

孙庆磊：第二类媒体是意见领袖，也就是人。意见领袖在我们遇到危机或是需要发布一条信息的时候，可以起到助你一臂之力的作用，让我们如虎添翼。大家可能要问，那些意见领袖如果不搭理我们怎么办？其实，我让你去结交的意见领袖，并不是李开复，也不是李彦宏，更不是马云，而是那些在某个行业里有一定影响力的人，大家听清楚，是有一定影响力。

孙庆磊：比如说，他在微博上经常发一些比较好的段子，很多人会去评论他；比如说，他是某书的作者，或者在某个行业里是一位专家型的人物，当他们在发布一条微博的时候，比如说他要做一场讲座，或者说出一本新书的时候，你在他的后面加一条很好的评论，他很可能会重新转发你这条评论，他们这些人其实需要很多很多这种好的评论。这时候就形成了他的二次转发，久而久之，你们是不是就成了朋友了？我们大家可以给自己定一个目标，比如说，一个月我们要建立和10个意见领袖的关系，时间长了，当你手上有很多意见领袖资源的时候，你就自然成为了意见领袖。

孙庆磊：第三类是收费媒体。对于收费媒体来讲，我们与它们其实就是一种纯粹的利益交易关系。我们在准备时间内一定要知道，哪些收费媒体对我们的受众是有用的。也就是说，有一天，我们要引爆自己的品牌的时候，我们要知道在哪些媒体上花钱是精准的、是有效的就行了。这是地利，也就是我们整合媒体的关键。

营销最后占“人和”，像占领华尔街一样提高自己的市场基数

孙庆磊：第三个是人和。人和是什么？人和其实就是用你的利益点去打动你的受众。你的利益点能打动多少人，你的市场就有多大。所以说，我们在刚刚进入职场，或者说在进入职场一段时间的时候，一定要对自己有一个定位。你的定位是什么，在你将来就要用什么卖点去打动你的受众。

孙庆磊：斯卡帕这个事件，他打动了什么人？他打动了所有人。为什么？因为他讲的是关于一个人的健康的事情，所有人在看见自己的同类遭受苦难、遭受病痛的时候，都会深有同感。他们会想，如果有一天我也遭受这种痛苦会怎么样？他就是借用了人对同类的一种怜悯之心来打动世界上所有的人。

孙庆磊：这个事情大家都知道吧，“占领华尔街”。参加占领华尔街这个运动最多的一群人是什么人？是美国的大学生。为什么？有两个原因。第一个原因，这个活动是在facebook网站上发起的，facebook针对的最大一个群体就是大学生，这个网站正是在校园起家的。另外一个原因，美国大学生是一群十分有时间、也十分容易被煽动的人。因为美国的经济持续不景气，失业率不断上涨，很多大学生找不到工作，他们在家里没事干。所以说，在人和这方面，一定要想方设法提高你的市场基数，这时候响应你的人就会更多。

怎样传播效果才会好，正经事要干得“不着调”

孙庆磊：在利用了以上的天地人法则之后，我们要设法去评测传播的效果。我们用牛顿第二运动定律来评判它，F等于m乘以a。F是什么？F就是传播的效果。m是内容的质量和媒体的质量，内容就是我们的创意。创意考虑的是它是不是具有戏剧性，斯卡帕这个事件本身就很有戏剧性，他通过炫富开始表演，但是最后给了大家一个非常公益的理由。其实是什么？就是干了一件“不着调”的正经事。其实很多时候，传播就是这样，干一件“不着调”的正经事，用“不着调”的理由去吸引大家，用一个合理的理由去给大家解释，来打出你的卖点，这就是传播，有创意、有质量。第二个是媒体的质量，媒体质量是什么？第一个是它的广度，第二个是它的精准度。你的媒体是不是真正精准地对准了你的消费者，真正精准地打动了你的消费者，这非常重要。

孙庆磊：传播的第二个要素是什么？就是a，是它的加速度。当你策划好一个事件，有了媒体资源之后，剩下来考验的就是你的团队的执行能力。你的团队能不能在短时间内把这个事件发布出去决定了你的成败。因为媒体的信息非常多，所以说，我们要快速地把这个信息传播出去，靠的是你的团队的执行能力。加速度越大，你的传播效果就越好。

孙庆磊：今天我们讲到的三个原则，第一个就是天时。天时是什么？天时就是搭乘热点借势而发，天时往往是一种成功的绝对值。有时机就借时机，没有时机可以等待时机。如果预算够的话，我们可以争取制造一个新的热点，借自己制造的热点传播出去。第二个就是地利。地利是什么？是抢夺制高点，争夺话语权。如果我们抢夺的媒体够多、够精准的话，我们的信息渠道就更强，传播效果肯定就更好。

孙庆磊：我在2007年的时候给飞利浦做了一个传播活动，那时候应该算是

很早的一个做新媒体传播的活动。当时我们做了一个百位名模代言，为了推广飞利浦的一款产品，我们找了一百位明星，通过一周的时间，同时在博客上发表对它的使用体验。这次活动的效果非常好，并且那是我们公司利润最高的一次，具体利润多少，我就不给大家公布了。所以说，我们在整合媒体的时候，一定要精准，要有它的广度。

孙庆磊：第三个是人和。人和是什么？人和就是团结大多数，孤立极少数。人和就是一个数字游戏，当你的市场基数够大的时候，你的卖点就够多，将来的盈利空间就越大。当我们要把自己品牌化的时候，当一个人要做个人品牌的时候，他就必须要商品化。商品化就一定要有卖点，这个卖点能不能打动人，一定要考虑这点。在我们有一个卖点的时候，还要提炼一句很简单、很通俗的话，一定要通过你的卖点去打动消费者。好，今天的话题就讲到这里，祝愿各位在自己的成功路上天时、地利、人和。谢谢！

主持人提问时间不忘打广告，《淘金微营销》解析大数据

主持人徐金琪：感谢孙庆磊先生。现在是5分钟提问时间，有没有提问的？好，您坐在地上听太不容易了，您先说吧！

戴眼镜男听众：我问一下微信公众账号，我主要用微信公众账号来做推广，它的方法说一下。

孙庆磊：是这样，微信和微博它有不同的媒体属性。微博是一个媒体，微信是一个朋友圈。我们在做传播的时候分两个阶段，第一个阶段会用微博、视频网站以及论坛，做一个很打声势的传播。当你有很多消费者关注你的时候，我会把它导入到我们的微信公众账号里面，这里都是很贴近的一帮人。因为微信这个群体非常小，你要关注的人的关系也非常近。你用公众平台去做传播的时候，一定要注意跟他的互动，这一点非常重要。再一个要注意它的信息质量，你的受众是不是喜欢你的信息质量，这个非常关键。

主持人徐金琪：好，掌声，先感谢一下。还有哪位？我说各位，你们是不是因为现场人太多都缺氧了？好，美女你来问。

女大学生：大家好，我是人大传播学的学生罗慧。孙老师我想问一下您，现在大家都在讲大数据、大数据，那对于这个海量的数据，对于大数据您是怎么理解？这是第一个问题。然后第二个问题，就是您认为在给客户做营销推广的整个活动过程中，什么是最核心的点？第三个就是，刚才前面那一位，他刚刚提到微信和微博，可能微博可以模拟成一个大数据，它是一个漏斗的形式，要把它的精准的客户漏到下面的微信里面来互动。然后结合这个，你可以给大家讲讲用户与用户之间交互体验做得最好的一个案例吗？

主持人徐金琪：回答这些问题是不是得需要20分钟啊？您就这三个问题吗？这样，您选一个。

孙庆磊：我回答您第一个问题。第一个问题是大数据，其实大数据我们也在讲，因为我们客户是某搜索网站。某搜索网站在11月16号的时候，我们要给它做一个大数据整合营销的峰会。大数据对于营销的贡献是什么？其实就是对一些市场的预测。对于很多普通的大众来讲，大数据是很难去用到的，因为我们没有那么好的平台。只有百度、谷歌这样的企业才能把所有的数据整合起来。它知道你的消费者在哪里，知道你的消费者的关键词，而且是非常有精准性地知道。它们有很多平台可以给大家用。谢谢！

主持人徐金琪：好，掌声感谢一下。然后我在这做个小广告，由于微营销这个热点是个趋势问题，可能孙老师在今天无法一一解答，但他写了本书马上就出版了。读书有个办法，就是有时候你没耐心读完，把序言读完了基本就知道精髓了。这本书你可以看不完，你看序言，因为序言是我写的。他这本书叫《淘金微营销》，大家可以看一看。现在大家活动一下，我看你们太累了，真替你们心疼。

因为爱情：从潜意识解读男女相爱的那些事

【内容概要】

自从《围城》这部小说问世以来，坊间盛传：婚姻是爱情的坟墓；在生活中我们发现，往往很好的两个人在一起却无法过得幸福；是什么让两个人相互吸引走到一起，又是什么让两个人互相伤害无法维持下去，难道真的是缘分和天意？演讲者将从潜意识的角度为大家解读，带领大家换个角度看爱情。

【多角度讲师介绍】

李恕萱:国家认证心理咨询师，美国催眠学会认证催眠咨询师，NLP国际执行师，家庭系统排列导师，简快身心积极疗法执行师，高级REIKI治疗师，《心探索》杂志合作心理专家。现任飞迪曼心理咨询公司资深心理咨询师、技术总监、高级培训师。

【分享开始】

主持人徐金琪：各位，我们的重头戏“关于爱情”拉开帷幕了，都请坐。我从来不走在台中心，现在你看我为什么走在这？因为一个美女出现了。前面那几个帅哥再帅，该审美疲劳了吧？下面该美女出场了。现在我荣幸地介绍我们最后一位压轴的美女嘉宾，李恕萱，掌声起来。这样，我稍微介绍一下李老师，她是国家认证的心理咨询师，美国催眠学会认证的催眠咨询师，就是Tony Chou很感兴趣的那个。还是NLP国际执行师，家庭系统排列导师，简快身心积极疗法执行师，还有高级啥师？这么多头衔我都晕了，我们掌声欢迎李老师吧！李老师今天给我们演讲的题目是“因为爱情”，再一次欢迎。

催眠是跟潜意识沟通，催眠师跟客户“有一腿”是想象

李恕萱：非常感谢刚才那三位男老师，因为他们三位刚才的演讲中都有跟我这个演讲相关的部分。比如说Tony Chou，他说现在我们中国人跟国际的沟通、跟世界的沟通实际上是堵塞的，国外人并不了解我们。我的催眠是什么？催眠没有那么神秘，催眠只不过是我跟大家的沟通，而这种沟通是跟一个人的潜意识沟通。当然，我知道很多人对催眠师的印象其实都来自于《无间道》里面陈慧琳扮演的那个角色。他们就会觉得，是不是到你那儿去催眠，睡一觉就好了？而且像陈慧琳跟梁朝伟那样还有一腿？请大家不要有这样的误会，那不是我们的职业要做的事情。然后张庆龙讲的这部分，他中间提到一个很重要的东西，不管你们做什么事情，带着爱去做。其实他说的是每一个选手，去发现他，包括这个选手妈妈的一些不太好的行为，但是我们还要带着爱去发现他的优点。所以，对于我的每一个来访者和客户，我都是用爱去跟他们互动的，这也是我的心理咨询和我的催眠要做的事情。

李恕萱：那最后一个，孙庆磊老师给我们讲，我们要有知名度。其实我刚才那些

头衔是什么？就是我的知名度。如果只说我是一个心理咨询师，那么来找我咨询的人就会质疑，你真的是咨询师吗？你的能力怎么样？但是如果我有这么多的头衔，他懂不懂不重要，反正他会觉得，有美国、有中国认证的，带有国家、国际这些权威的字符，那就OK了，对吧？他就会被我的名衔“吓到”，好，这下我说的什么都是对的。

李恕萱：所以我觉得，可能我们大家平时跟心理咨询师的沟通比较少，对心理咨询师有一点点又爱又怕的感觉。第一，我们心理咨询师这个行业其实在中国是2003年才开始的，所以有些人说，你的行业很不错，是朝阳行业。我说不对，是黎明行业。可能也跟刚才庆龙老师讲的中国媒体一样，这里有一个体制限制，还有一个是我们中国人意识形态方面的问题。我相信在座的各位同学，还有已经工作了的人，你们有心理话，有难受、不舒服、有什么问题的时候，第一找谁？朋友。第二找谁？老公或者老婆，你们的伴侣。第三找谁？父母，或者你们的老师。有谁会花钱找一个心理咨询师聊天，去解决问题吗？

主持人徐金琪：有的举手，我看看。

（没有观众举手）

李恕萱：所以我觉得有义务来到这里，告诉大家一个心理咨询师是怎么做的。我从今天下午就开始准备，找了一个非常优秀的化妆师朋友给我化了一个美美的妆。为什么呢？因为我想让大家知道，其实我这个心理咨询师首先是人，然后是站在这里的一个女人，我也爱美，我想把我最美的地方展现给大家。第三，我才是一个心理咨询师。好，那现在我们言归正传。今天我要讲的话题是“因为爱情”，也非常谢谢刚才的孙庆磊老师。

孙庆磊：因为我吗？

李恕萱：当然也有我们的徐老师为我们串场，为我们压轴。《因为爱情》这首歌是王菲唱的，她唱的怎么样？很深情。我甚至在有些情景听到这首歌，会感动得想要流眼泪。但是很多明星的感情之路非常坎坷，离婚率很高。所以我们很多人有疑问，郎才女貌，经济又很富有，为什么明星们还是会出现这样那样的问题？好，那接下来我会从潜意识给大家解读一下爱情。其实这个互相吸引不是我特别想为大家讲的地方，我的重点放在当我们互相吸引了以后，我们怎么样去经营，怎么样去维持。

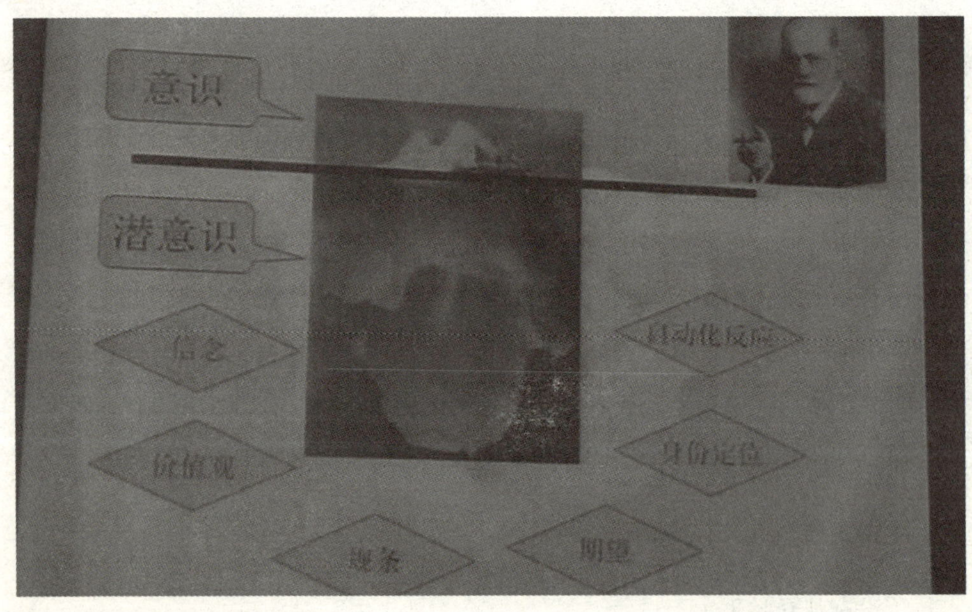

李恕萱：我们是怎么样去谈朋友，怎么样产生爱情的？“只是因为在人群中多看了你一眼”，是吧？很有意思，这首歌也是王菲唱的，对吗？所以，我们会被这个男人或者女人吸引。好，这里我稍微解释一下潜意识。当我要解释潜意识的时候，我必须要用这样一个很经典的画面，在心理学里头，这是一幅冰山图。意识是什么？简而言之，就是当我们是一个觉醒的、清醒的人时，我们的感觉可以用语言说出来，可以表达出来，那就是意识，它们影响着我们的行为，我们的生活。然后底下是什么？意识的上面只有一点点，而下面是一座很大的冰山。这个下面是我们的潜意识，这个潜意识相比于意识而言，就是我们无法预知、但时时刻刻在影响着我们的部分。

李恕萱：我非常感谢弗洛伊德老人家，因为弗洛伊德在20世纪初的时候确立了一个学派，是现在临床心理咨询特别重要的一个学派——精神分析。精神分析主要是讨论潜意识对人的作用，精神分析里边的潜意识简而言之就是在讨论人的本能。本能可能有生命能量的部分，也有性的部分，也有我们没有办法知道的部分。我为大家演示一下，我在这画了一条线，这个上面是意识，下面是潜意识。简单地总结一下，这个潜意识里头包括什么呢？包括我们的信念、价值观、规条、期望、身份定位、自动化反应。那这些东西是怎么形成的呢？从小范围说，首先有我们的天生遗传的部分，因为我们每个人都是人，所以我们有大脑，大脑会产生很多的感觉。然后我们有什么呢？养育了我们的父母，他们会给我们输进来很多的东西，当我们开始听懂他们的话的时候，当我们开始懂事的时候，他们就会告诉我们，你不要干这个，你不要干那个，你可以做这个，你可以做那个。

李恕萱：比如说家长都会告诉我们，你要诚实，你要努力，你要刻苦学习，你要成为对社会有用的人。现在的家长是恐惧比较多的，他会告诉孩子，你一定不要相信这个陌生人，一定不要跟陌生人说话。还有的在婚姻中可能已经受到创伤的母亲会跟自己的女儿说，男人没一个好东西，无时无刻、这么几十年都跟自己的女儿念叨，那女儿长大以后她会怎么样？她会潜移默化地觉得，对，男人没有一个好东西。

爱情的激情只有五年半，把对方逼到死角容易出现第三者

李恕萱：我今天为大家讲的爱情的规律是从这个层面上简要分析的，也就是说，爱情规律是怎样影响我们在爱情中的相处和反应的。好，如果我们爱一个人的话，我们被他吸引，我们首先要有一种爱的感觉吧，尤其女孩子特别喜欢这个词。有时候我们问这个女孩，你为什么喜欢你的男朋友？感觉。男人有时候都不明白，你整天要感觉感觉，你要的到底是什么？好，那我现在从生理的角度，还有一些潜意识的角度为大家解读一下，感觉是怎么样产生的。生理的角度我要讲一下脑学科，我尽量简单地讲。我们每一个人都有一个脑，脑是处理信息的地方。感觉是什么？感觉是一个人对客观世界存在的一些事物的客观属性的反应。每一个人的脑都有一个感觉区域，感觉包括我们的视觉，包括我们的听觉，包括我们的触觉，包括我们的味觉，还有N多。所有这些都在我们的感觉部分，它会直接影响到我们是快乐还是喜悦。

李恕萱：大脑旁边还有一个小脑和脑干，这部分是负责我们人类最基本的生命反射的，比如说我们出汗，比如说我们呼吸，比如说我们心跳。这部分的反应速度要比感觉区域的反应速度快一点。所以，当有安全感的时候，外界的刺激我们才能真实地感觉到。但是，当我们觉得不安全、很恐惧的时候，我们就会直接向大脑传导一些焦虑信号，所以我们对外界的刺激可能就感觉不到了。在我的个案中，甚至在我的生活中就会发现，外人都可以看出来，这个男人非常爱这个女人，但是这个女人就是感觉不到。为什么呢？可能就是因为我刚才说的信念规条，潜意识那部分有极强的不安全感。有很多很多很多的信念，会让她觉得这个男人是不爱我的，或者我感觉不到他的爱。

李恕萱：另外一个很重要的部分，这一点我很想跟大家分享一下，那就是感觉区域。快乐和不快乐，悲伤、痛苦、恐惧都在这里。所以说，她是分不清楚这到底是爱的感觉还是紧张的感觉，或者是恐惧的感觉。而且这种刺激越强烈，感觉就会越深刻。这就证明了为什么大家喜欢悲剧。我们每一个人去想一下你从小到大经历过的事情，你有很多痛苦的经验、快乐的经验、幸福的经验似乎已经想不起来了，但是只要你受了一点点创伤，你以前那些东西完全都会被想起来。这个男人对你99分好，或者这个女人对你99分好，你都感觉不到，你就记着那一点，你曾经伤害过我，我对你的要求你没有达到。

李恕萱：还有一个什么问题，就是当你越纠结的时候，越觉得这是爱的感觉。但事实却可能不是这样的，那可能是痛苦，还有一些很复杂的感觉夹杂进去了。比如说，大家会看到一个现象，父母越不同意这段感情，这对恋人就越要走下去，但是真正走到婚姻里头就一定会幸福吗？未必。比如说，一对恋人结婚了以后，在那个激情阶段，他们可以生活，但激情会慢慢消退的。国外是有研究的，其实爱情就是一种激情，它可以存在的时间平均只有五年半，都到不了七年。所以五年半之后要的是什么呢？是男人跟女人之间建立的一种互相熟悉的感觉，一种亲情的感觉，一种责任、一种承诺、一种公平。

李恕萱：所以，我们看，当一对恋人刚刚组建家庭时，如果在生活中遇到了困难，他们通常会选择一起面对这个困难，一起乐观地面对生活，共渡难关。可是，当两个人的生活真的风平浪静了以后会怎么样呢？也许这种爱的感觉就慢慢消失了，再遇到困难的时候可能他们不愿意一起去面对，或者希望另一方承担的更多一些。所以，在这部分大家要注意了，当你跟你的伴侣去沟通、去生活的时候，不要把对方逼到死角，一定要在做事情的时候给自己和对方留有一点点余地。因为有时候我们会看到社会生活中有一些第三者现象的发生，如果我们一个女人，或者一个男人在一段关系里头觉得有些痛苦的时候，外面进来一点点的温情，都会让他的感觉扩大化。他会觉得外面这个女人比我家里那个好多了，他不会想到他的老婆十多年、二十多年为他付出的那些到底有多少的不容易。那些举动其实代表着这个女人或者这个男人非常非常地爱你，但是他已经想不起来了，这是人大脑认知的特点。

女人恋爱智商会下降，王子和公主的故事只是童话

李恕萱：下面我用了这幅图，主要跟我们的女性朋友说，因为男性我觉得状况还好一点。其实我们怎么样产生感觉？产生感觉还有一个大脑理性部分的评价，期望。我们的女性朋友，我不知道在座的有没有，像我们那个年代是读琼瑶的特别多。现在的年轻人，“90后”看韩剧的特别多，韩剧里头的男性都是什么样子的？高富帅，对吧？而且特别温柔、特别敏感，你给一个眼神，对面马上就把花和钻戒给送来了。其实，这些东西对女人是有强烈的暗示作用的，会让年轻的女孩子觉得，爱情就是那个样子的。她不会想到，真正现实生活中我们要面临的那些现实问题到底是什么。她会觉得，我男朋友不爱我，为什么？为什么我强烈地暗示、暗示、暗示，他就是不知道主动来关心我一下？在这里我要跟我们的女同胞说一下，其实男人真的是没有这根筋的。

李恕萱：不是他们不爱你，是他们的沟通方式以及他们的大脑构成跟女人不一样。无论是从生理到心理，男人都是这样的，他非常当下，他只想现在，他根本就猜不到你为什么生气了。比如说，我当初跟我老公谈朋友的时候，我会跟他说我今天有点不高兴，他说“哦”。我说我真的有点不高兴，他说“是吗？那你能做点什么让你自己高兴一点呢？”其实他不会想到我现在需要他陪，我需要他主动来照顾我一下。我相信在座的女生可能都会有这方面的问题和遭遇。现场的男同胞们觉得被理解了吧？所以，在座的女同胞如果有什么需要，比如说你现在心情不好，或者你想去看看电影，或者你想浪漫一点儿，请直接说。男人是一个非常好的执行动物，你就直接告诉他，亲爱的，我现在需要你为我做什么，可能你的满意度会高一些。你会发现，很多男人屁颠屁颠就去做了，因为这比你让他去猜你怎么了要让他舒服得多。

李恕萱：我们经常会听到结婚典礼上有这样的说法：“英俊的丈夫和美丽的妻子终于喜结连理，我们希望他们白头偕老，从此过着幸福美满的生活。”这在我们小时候的童话里也会经常听到，一个非常帅气、有才华的王子喜欢上一个美貌善良的公主，然后他们经历了千辛万苦，从此以后过上了幸福美满的生活。对不起，现在大家醒一醒，那是童话。还有一部分是关于感觉的，当我们每一个人在爱的时候，其实我们的智商会下降十多个百分点。当我们女人恋爱的时候会变得很傻，这使得我们在做出判断的时候会有误差。因为有的时候，你会陷在自己的感觉里，跟现实产生一些脱离，就像被人蒙住的眼睛。所以有一些女生会发现，我那么爱一个男人，爱了他很多年，为他付出了很多，终于有一天，当我不停地痛、痛、痛之后，发现这个男人怎么是这样子的？因为女人是感觉的动物，情绪的动物。

李恕萱：说完女人我们再说说男人。大家现在想一想，一般男人去挑女人的时候，他会想要什么？年轻、漂亮、身材好，对吧？

男性观众（笑）：不是。

李恕萱：你们要问一问你们的心。还有气质、美貌。所以，其实一般男人挑女人的时候，她能干不能干实际上是不重要的，但是美貌、漂亮、苗条、气质这些是他需要的。好，那我们女性选男人的时候注重什么？想一想，才华。还有

什么？能力、财富、地位。这是从原始父系社会过来的，因为男人是负责什么的？男人负责出去打猎，把猎物带回来，然后男人的事情就结束了。女人去分配财富，去操持家务。所以，女人在挑男人的时候她要什么？高大，安全感是第一条的。所以，我站在徐老师身边非常有安全感。前途，当然有这个“前途”也有那个“钱途”。能力、财富。比如说，我知道很多女性朋友对电脑是不精通的，她把所有电子产品都推给自己的老公，你帮我去搞定。比如说我这个PPT，是我老公昨天帮我做出来的，因为他是一个“技术宅”。

性不和谐影响婚姻，男人“爱”要学会说出来

李恕萱：刚才说的这些都是意识层面上的，那么在潜意识层面上大家会选什么？会找自己的母亲。一般男人会找自己的母亲，女人会找自己的父亲或者母亲，所以女人更复杂一点。为什么这么说呢？这就要提到刚才弗洛伊德的那个观点了，因为他的人格发展理论中有一个俄狄浦斯期，也就是恋父或者恋母情结期。这个东西虽然在当今的心理学中还有争议，但是在我的临床心理咨询当中，还有我们的观察分析当中，这一条是非常有效的。所以，不是说男人一定要找像自己母亲的女人去娶她，或者说女人一定要找像自己的父亲或者母亲那样的人，

而是说要贴近母亲的特点、母亲给自己的感觉。比如说，如果一个男人的母亲是一个极具控制欲的、是个特别强大的女性，这个男人可能不会找一个小清新的女性作为伴侣，因为不被虐的感觉会让他觉得没有得到爱。

李恕萱：女人这边要找贴近自己的父亲或母亲特点的人。我想在座的女同胞可以在心里问一下自己，当你找一个男人的时候，你是否曾经有一股想要喊他爸爸的冲动？会不会有一点？网上有这样一句话，每个女孩心里都有一位里奥大叔，因为他让你非常有安全感，他可以为你出生入死，就像上帝一样，给你所需要的一切。再看《北京遇上西雅图》，这个片子我看了，我还是比较认同它里面女主角曾经描述的一段话，就是当她真的遇到了一个非常有财富的人，其实那个人也是爱她的，但是，他们之间每天都没有沟通，没有情绪上、心灵上的沟通，他只是给她买一个包，又一个包，又一个包。所以女主角跟男主角说什么？说其实我需要的是油条和豆浆，需要的是那种安全感，需要的是那种被呵护的感觉。

李恕萱：所以，对女人来说，沟通非常重要。在场的男青年，在场适婚的男青年，或者是想要找女朋友的，或者已经处在亲密关系中的男同胞们，请你们学会表达你们的爱。其实这挺容易的，你只要说就行了。有的男人，比如说像我老公那种，他会闷头一个劲儿地做事情，但是他不会表达、不会说话。在很长的一段时间里，我也有一个疑问，这家伙到底爱不爱我？我总觉得他太没有浪漫情怀了。还有，比如我跟他说今天我需要一个钻戒，我已经表达了我的需要。你猜我老公跟我说什么？把卡给你，自己去买吧！所以，大家要了解男人和女人的特点。

李恕萱：我们再说说快乐幸福的婚姻或者亲密关系的必备条件，第一条其实是性的链接。当然，在可以的时候，在安全的情况下，在你们都可以为自己的行为负责的情况下，这一条是非常重要的。在中国有好多婚姻不和谐，实际上也会有潜在的男人女人、老公老婆之间的性不和谐，这是一个特别大的问题。但是中国人不愿意说。

李恕萱：第二个是身份的确定。当我提出一个问题，你的老公是你的男人吗？或者我问他，你的老婆是你的女人吗？我发现很多人回答不出来。她说他是我的老公，但他不是我的男人。可是，他不是你的男人是什么呢？这是属于潜意识的问题，回到刚才的问题，有很多女人在找男人的时候，要么把他当成自己的老公，要么把他当成自己的老妈，甚至把他当成自己的儿子，反正就不是自己的男人。所以，请你们考虑一下自己的情况，然后回到一个女人的状态上，去跟你的男人沟通、接触。

李恕萱：第三点，爱的感觉。刚才我已经讲了，我在这就不重复了。当我们去经营感情的时候，是需要一个平衡的。我们的这份感情，它是不是公平的？男人和女人心里都有一杆秤，你为我做的和我为你做的是不是等价？有些女人会非常理想化地说，我们不需要什么公平不公平，那样爱情不就变成一个交易了吗？我们需要的是无条件的爱。我想说，这也是挺幻想和童话的，因为即使父母对孩子的爱也是有条件的。为什么？首要条件，你是他们的孩子他们才会爱你。所以，你跟这个男人说你要无条件爱我，我说一句不太中听的话，纯扯淡！

爱情不能付出人格和尊严，男人出轨不被惩罚会切断沟通

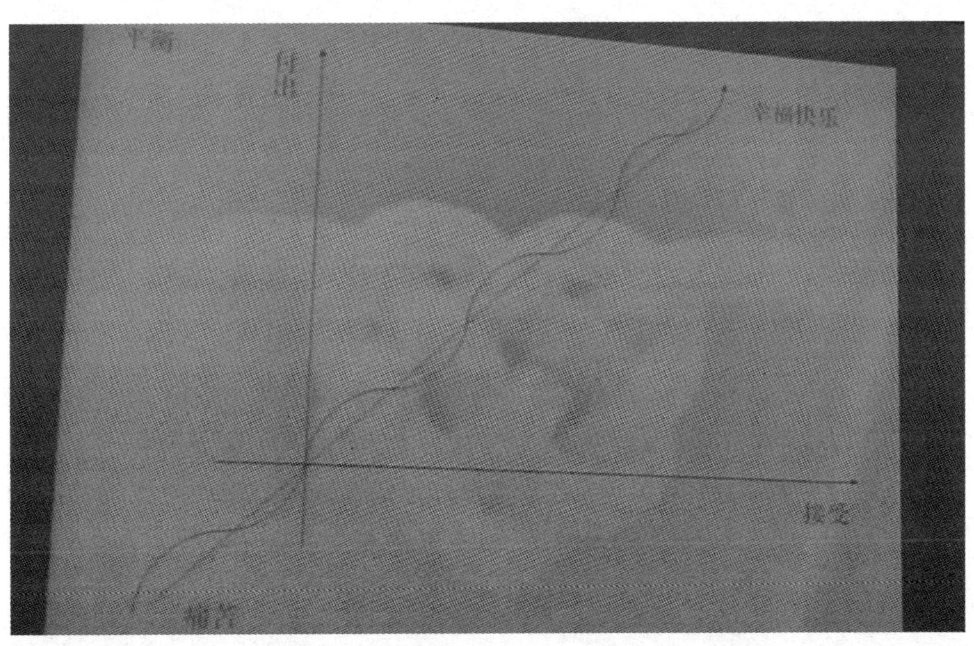

李恕萱：现在，我在这画了一条线，大家看，这是一条曲线，其实在付出和接受之间，它是需要一个平衡的。比如男人付出一点，女人感受到了，然后女人给一个回应，这个回应会让男人非常开心，他就再多付出一点，女人也会为此对他多付出一点，一直在这个地方保持着平衡，良性循环地往上走。但是，有一点不能付出的请大家了解，因为时间关系，我就不问大家了，我直接告诉你们，那就是自己的真我，自己真正的人格和尊严是不可以付出的。比如说秦香莲的故事，她付出了很多很多，其实她已经丧失了她自己，这种把自己的生命都交出去的付出没有任何人可以承受得了。所以，当你的付出，比如说脱离了这条你来我往的轨道以后，你付出的特别特别多，甚至丧失了你的自我的时候，这个人注定会离你而去。

李恕萱：在生活中我们会发现，有些男人挣很多很多的钱供他的女朋友读书，但是最后他的女朋友跟别人跑了。大家也许会从道德层面上去谴责这个女人，或者像秦香莲骂陈世美一样骂上千年。但实际上，这两个人之间的关系早已经不对等了。如果，我只是说如果，在这个现实层面上，有一些男性或者女性，因为很多很多种原因，发生了出轨的行为，并且被另一方知道的话，出轨的一方是需要受到惩罚的。而不应像有些人想的那样，我不惩罚你，你不爱我了，那是你的事情，我就这样跟你继续过下去。可是，这样下去两个人都会很难受，很辛苦。因为实际上在心理层面上，没出轨的一方站在道德制高点上，让出轨的人永世不得翻身。所以这个沟通就切断了。

李恕萱：下面是女人的心理需要。女人需要什么？接纳、鼓励、宠爱、关注和尊重。当然，这个大家都知道。男人的心理需要是什么？肯定、理解、认可、尊重。其实，对于男人来讲，面子非常重要，认可也非常重要。所以，在座的女同胞们，如果你真的爱你的老公的话，如果你真的爱你的男朋友的话，多肯定他，这个男人就会表现得越来越好。那么对女朋友应该怎么办？应该多夸赞她、接纳她，哪怕在她闹情绪的时候。其实男人们不需要做什么，只要待在她旁边就好了，给她一个拥抱，告诉她我爱你，女人可能过一会儿自己就好了。

李恕萱：接下来我要讲的是损害我们情感关系的13大杀手。第一个是指责。在这里我还要讲一点，当人类遇到危险情境的时候，当然所有的动物也都是这样，第一是什么反应？逃跑，因为打不了就走。第二是抗争，如果我觉得我可以跟你拼的话，我就跟你拼。第三是什么？麻木，我又不能跑，我又不能走，好，我把我自己麻木起来。这是动物世界的规律，我们人类也是有这样特点的。所以，当我们遇到压力，彼此都对对方不满的时候，我们首先可能就会指责，指责对方做错了，抱怨对方。如果自己被指责了，我们会怎么做？为自己辩护，辩护说其实自己没错，为自己进行解释。接下来就有可能是冷战。好了，既然沟通已经没有用了，干脆我们就不说话了，双方开始冷战。

李恕萱：其实到这一步就已经比较危险了，继续往下将是蔑视。外国的心理专家做过一条测验或者试验，基本上到了蔑视这一步，离婚率已经可以达到60%到70%了。但是中国人的忍耐力非常高，所以你会发现，即使到了这一步，婚姻还可以持续下去，因为他们还有这样的信念：好多家长会说，为了孩子。其实他们心里是害怕社会舆论的压力。虽然现在我们中国已经比较开放了，但大家还是普遍觉得离婚是一件非常不好的事情。然后再继续下去，是性冷淡。在性生活方面拒绝自己的老公或者老婆，把它变成一种惩罚。再然后是什么？踢下床。你不要跟我一起睡，你抱着被子去睡客厅，或者你睡哪里跟我都没关系。

李恕萱：接着来会发展成什么？赶出门。你不要回来，你滚蛋。就这样一步一步升级，再往下就要瓦解社会关系了。一般女性会去找他的爸爸、妈妈来评理，或者找男方单位的领导，告诉别人他是多么不负责任、多么糟糕的一个男人，或者向男方所有的朋友抱怨。接着实行经济封锁，你把钱交给我，我不给你零花钱，你爱怎么着我不管。再往下就变成昭告天下了，就是利用互联网和微博的力量。现在有很多案例，我跟你闹分手，或者我跟你闹什么矛盾了，我都会在微博上发表出来，我今天是什么心情，我那个挨千刀的谁谁谁又干什么了。这是现在的新招，以前是没有的。

李恕萱：找父母刚才我已经说过了，再往下就是拉孩子。如果家庭中有孩子的就把孩子拉到自己一方。如果这些招数都用完了以后，婚姻或者亲密关系就基本上无可救药了。所以请大家避免这些情况的发生，这些都是我们的长辈经常使用的方法，这些情境对我们来讲是很真实的。我们这代人已经有独立思考的能力，有学习的资源，有很多解决问题的方法，我们可以不再去重复他们的老路了。当我们在亲密关系中遇到问题的时候，我们可以问一问自己，用什么方法能帮到我自己，也能帮到对方。因为当我们开始在一起，当我们睡到一张床上的时候，我们是互相爱着的。

正确处理男女关系：女人跟随男人，男人服务女人

李恕萱：接下来要讲的是男女关系的处理，女人跟随男人，男人服务女人。其实今天在这里我们体现得非常明显，因为我非常幸福地在这个房间里坐了将近一个半小时，而其他三位男士只能在外面冻着。而且，他们三位男士都

在前面，我是跟随他们的，他们服务我。这是一条非常实用的潜规则，在一段关系中，女人尽量去跟随男人的脚步，男人为女人多一些付出。当然，这可能解释起来有一点复杂，我想举一个例子，比如说在我接触过的这些个案中有很多临床案例是这样的，男人和女人本来在北京过得很好，家庭很幸福，但是突然男人的工作产生了变动，要去外地或者国外工作。女人因为各种各样的原因，比如说她自己的父母在这里，或者她自己的事业很好，她不愿意离开，就不跟男人走，或者把男人强留下来。这样一来的话，可能会对他们的亲密关系产生很大的影响，因为这是让男人付出了很多的。有的时候男人是因为爱你才付出了这些，但这不代表他心里没有情绪，没有怨气，这些东西都在潜意识里面积累着，会影响以后的亲密关系。

李恕萱：所以，当大家以后遇到类似情况的时候，要尽量去协调，尽量去找到一个对大家都好的方法。哪怕做不到，也要坐下来谈，让男人或者女人感觉到你是理解我的，你是支持我的，你在跟我一起想办法，而不是直接拒绝。这样会让伴侣心里头好受一点。当你们两个人一起去思考问题的时候，去寻找解决办法的时候，就会发现这件事并不像我们一开始想的那样困难，会发现它可以迎刃而解。

李恕萱：下面这个部分，我要讲一下沟通。人，大概可以分成关系型和任务型。我刚才已经提到一些，大部分男人是什么？任务型的，对吧？女人是什么？关系型的，对吧？所以，如果想沟通的话，我给大家分享一个常识性的东西。在我们沟通的时候，7%是我们的言语内容，55%是我们的姿态还有我们的表情，38%是我们的语音语调。所以，当我们互相沟通的时候，不是说一句“我爱你”就行了的。来，那个帅哥帮我当一下道具可以吗？谢谢，请你服务一下我。

主持人徐金琪：舍近求远，我就在旁边。（观众笑）

李恕萱：我们给现场观众做一个示范，现在我这样（双眼望着对方）向你表达，我爱你。

男观众：（望着李恕萱）我也爱你。

李恕萱：你的感觉是什么样的，当我看着你，向你表达“我爱你”的时候？

男观众：很紧张。

主持人徐金琪：是不是有一种负罪感？

男观众：我觉得不真实。（观众笑）

李恕萱：那我比较一下，我现在这样（边说边退），我爱你。现在跟刚才相比较呢？你喜欢哪一种？

男观众：第一种。

李恕萱：虽然第一种不真实，但是现在这样比刚才那样更糟糕，是吧？（退得更远）我爱你，我真的很爱你，我非常非常爱你，我真的爱你。你的感觉是什么？

（观众摇头）

李恕萱：谢谢，谢谢这位帅哥。

主持人徐金琪：给点掌声感谢一下这位男士。

李恕萱：我想告诉大家的是什么呢？当你跟对方去表达的时候，请你看着他，请用你的心去表达，而不是敷衍。我们的姿势、我们的表情、我们的语言语调都会对对方产生情感。

李恕萱：好，基本上就讲到这，主要内容我已经讲完了。最后我想用一首诗来结束今天的话题，这是我非常喜欢的一首诗，是罗伊克里夫特写的《爱》。“我爱你，不光因为你的样子，还因为和你在一起时我的样子；我爱你，不光因为你为我而做的事，还因为为了你我能做成的事；我爱你，因为你能唤出我最真的那部分，我的傻气，我的弱点，在你的目光里几乎不存在；我心里最美丽的地方，被你的光芒照得通亮。”好，谢谢大家。

主持人徐金琪：谢谢李老师。

李恕萱：谢谢。

主持人徐金琪：刚才念诗的时候应该再配个音乐。你看我一直服务李老师，他们三个帅哥分享的时候，我粗鲁地打断他们：20分钟到了。您这40分钟了，但是我看大家如醉如痴，我就没有打断，因为我很有服务意识。李老师讲得特别精彩，我觉得虽然时间超了点，但是没问题。

李恕萱：谢谢大家，尤其是蹲着的和站着的同学。

主持人徐金琪：对，已经麻木了。（观众笑）李老师教育了我，我们男人一般都活在当下。这样吧，还是给李老师5分钟，谁来举手提问题？好，这位美女。

观众提问：在现在这个社会中，很多女性追求做女强人，她希望得到社会的认同感。你刚才说女人跟随男人，而假如她跟随他，她的事业没有达到她想要的成就感，那么在以后的生活中，必然会有一些抱怨和矛盾，这时候怎么能说在爱情里面还会更加和谐呢？

李恕萱：我了解你所说的，但是这个问题实际上是不成立的。我说的跟随男人的前提是主动自愿地接受，并不是说这个女人不想接受，然后强硬地让自己去做这件事情。当你做出来的时候必须是身心合一的。当然，现在女汉子这个情况非常明显，我的一位意大利老师曾经说过，他十几年前来中国时发现，中国当时只有两类人，一类是男人，还有一类是想成为男人的女人。所以，这是一个现实问题。在上个世纪的时候，欧美国家也有这样的问题，在那个工业社会，女人进入到男人的生活当中，她会想要自己的价值感和位置感。当她在家庭生活中已经找不到自己的位置，比如说她不满足于自己只是养育孩子或者做做家务，这就需要女人在跟孩子和老公的关系之间去权衡。当然，你所说的一般女性，如果她的心态很正常的话，是不会产生那么激烈的矛盾的。如果她因为这个事情造成了跟老公之间激烈的矛盾，那我们就要去考量一下，她的家庭环境是什么样的，她的成长是什么样的，她对自我的认定这部分会不会有一些不太正常的水平和范畴。谢谢。

主持人徐金琪：好，掌声谢谢李老师。来，给那个活在当下的男士吧。

观众提问：刚才您说那个电影里的女人需要油条和豆浆，我觉得，当你拥有财富，或者当你拥有很多珍贵的东西的时候，你需要它。但是时间长了以后，你会麻木掉。我可以一辈子给你油条。

主持人徐金琪：给一辈子油条啊！

观众提问：会麻木掉。你可能想身边的闺密，她老公给她买什么包，你一直在过粗茶淡饭的日子，这个时候你会受影响。其实我觉得那是一个交际的过程，是一个动态的。我不太赞同您刚才说的，因为这毕竟是少数。

李恕萱：好的，我能理解你说的，这其实也是我们在场所有男士的一个疑问。因为现在有很多现实、拜金的女人，或者说是需要很高的物质条件的女人。我认同你说的一部分，所有的事情、感情都是一个过程，都是动态的，它不是一直这样的。不过呢，我也想稍微说明一下，就是关于那个油条豆浆，其实在这里是一个比喻或者是一个隐喻。我想跟大家说的是，油条和豆浆当然比不上名牌包，我想比较的是，给她包的男人跟她没有情感上的互动，冷落了她，让她觉得自己很孤单，而这个可以为她准备油条豆浆的男人，是真正贴着她的心的。

主持人徐金琪：好，谢谢李老师。最后一个问题给这位腿已经坐麻的男士。

观众提问：我对你说的男人在选择女人时的几点标准，持一些反对意见。可能有大多数男人在挑选女人的时候考虑漂亮，但是还有很大一部分男人，尽管在看到一个漂亮女孩时他有可能多看一眼，但是当他真正选择妻子的时候，他很清楚，这个女人尽管漂亮，但她只是花瓶，不是属于我的妻子。

李恕萱：首先，这里有一个评判，所有漂亮的女人都是花瓶，真的是那样吗？

观众提问：你把那个标准唯一化了，选择的唯一性都是偏向于漂亮，我想要表达的是很多人可能更看重心灵方面。

李恕萱：是的，很多男人在选择一个女人的时候，首先被吸引的是外表。男人真的是视觉的动物，但不绝对化。这是由一个美国的试验得出来的结论，是相比于女人而言的。比如让一个男人去跟一个漂亮的女人谈心，与让他跟一个长相比较一般的女人谈心相比，这个男人的回头率要高出60%到70%。但是反过来，如果是女人，找一个帅哥跟她谈心，她回头率和反馈率可能只比跟长相一般的男人谈心高出30%到40%。当然，这不是绝对的。今天之所以讲潜意识，是因为我们每一个人都是情感动物，只不过女人的情感需要会更多一些，男人当然也需要女人的温柔、贤惠、认可和持家。

观众提问：您那边体现更多的是注重外貌，在我这边更注重心灵的需求，有点偏向。

李恕萱：是的，我是这样，我是想单纯地让大家理解，有点儿绝对化。我是要把男人和女人的差别一目了然地描述出来。但是请大家理解，不是说绝对是这样的。我讲的是双方刚开始吸引的时候，不是说婚姻维持下去的时候。我想要跟她多待一会儿，我想要跟她有更持久的关系的时候，第一秒或者说多看的那一眼，男人更偏向容貌一些。但是就像你说的，当我们谈婚论嫁的时候，我们还是需要综合考虑双方的总体素质的。

主持人徐金琪：好，谢谢李老师。各位稍等一下，我们现在把后面那几位冻得已经很惨烈的嘉宾都请上来，虽然这个地方很小，请他们都上来。

主持人徐金琪：各位，从我个人感情来说，我是很自愿来义务主持这个沙龙的，我也得到很多。也谢谢你们，要了半天掌声也没给我掌声。（观众笑）我们看看几位男讲师已经冻成这样了，刚才是这个样子的吗？感谢四位嘉宾。谢谢各位，你们今天特别好的地方就是经过了超市没有买鸡蛋，也没有把拖鞋扔上来，特别好。谢谢，掌声再激烈一点儿。

（此处真有热烈的掌声）

第二期

01 明星越暗越美丽：你不知道的演艺圈

02 用智慧点燃爱情：男欢女爱背后的故事

03 从《爸爸去哪儿》看电视节目赢利模式

04 创业的故事：幸福逆袭法则

分享主题介绍

本书以每一期沙龙实录为一个章节。本期沙龙由徐金琪主持，邀请四位嘉宾来分享演艺圈的秘密、恋爱心理学、电视节目赢利模式和创业这四个不同的主题。

01 明星越暗越美丽：你不知道的演艺圈

蒋超：都说演艺圈混乱没有小清新，这里带你换个角度看问题。但请明白，这里不是讲明星离奇复杂的男欢女爱，也不是讲“大牌”的怪癖特行。这里为你褪去明星的光环，为你讲述隐藏在阳光下的阴影——人性。明星，是一个普通得不能再普通的平常人。

02 用智慧点燃爱情：男欢女爱背后的故事

赵嘉路：爱情是一个人人都要经历但又仍然充满神秘感的事物。想要美好的爱情，就要知道你的他和她心里在想什么。爱情有三个层次，也是三个阶段，如果能够从心理学上正确把握这三个阶段，了解男“欢”女“爱”背后的故事，克服爱情之路上的荆棘也许并不难。

03 从《爸爸去哪儿》看电视节目赢利模式

张庆龙：在从业者讨论电视是否会死去的时候，电视节目却一次次刷新经济收益的纪录。从《中国好声音》的全产业链开发，到《爸爸去哪儿》的“影”、“视”结合，电视节目用事实说话，证明了这个“夕阳”产业的“钱途”无量。电视节目怎样才能赢利，这种全角度开发的思维是否可以应用到其他商业实践中？了解一档电视节目的赢利模式，如同解剖一只麻雀。

04 创业的故事：幸福逆袭法则

成甲：人生最重要的是什么？当我们向着终点一路狂奔的时候，常常忘记了起点在哪里，忘记了我们为什么要做这样的事情。从本心出发，心怀向上的力量，吸引力法则会让跟你抱有同样追求的人汇聚在你的身边。只做不完美的自己，不做社会的平均值。也许这样的过程充满艰辛，也许这样的过程会很漫长，但坚持初心，幸福终将会逆袭。

01 明星越暗越美丽：你不知道的演艺圈

【内容概要】

都说演艺圈混乱没有小清新，这里带你换个角度看问题。但请明白，这里不是讲明星离奇复杂的男欢女爱，也不是讲“大牌”的怪癖特行。这里为你褪去明星的光环，为你讲述隐藏在阳光下的阴影——人性。明星，是一个普通得不能再普通的平常人。

【多角度讲师介绍】

蒋超，北京电视台《每日文娱播报》主编。坚持做“走心”的采访，让他从早期在央视做法制节目成功转型投入了娱乐圈。依靠真心投入，他能在成龙情绪低落时与其独处，能陪着宋丹丹一起感慨人生，能成为刘晓庆“最信任的媒体朋友”，能跟“老奸巨猾”的“军统天津站站长”品茗谈趣。

【分享开始】

主持人徐金琪：感谢所有在场的人，谢谢各位。欢迎各位光临多角度沙龙第二期的活动。今天人也很多。后来的这些朋友，都是我的“托”啊！你们很幸运，上次我几个朋友交完钱就出去了，因为没地方可站。今天咱们不浪费时间了，就切入主题吧，好不好？那么这样，我们首先开始看第一个嘉宾是哪位。看大屏幕，主持人总爱说看大屏幕。

（主讲人蒋超的介绍视频）

主持人徐金琪：掌声有请蒋超，给个开场音乐啊！对，这么重量级的人物，要有开场音乐的。（背景音乐：《猪八戒背媳妇》）你放音乐的水平特别高，好了，上场吧。

观众：大师兄，师父跟八戒都被妖怪抓走了。

主持人：好，有请蒋超。现在开始计时，20分钟，蒋超的演讲《明星越暗越美丽》，掌声给他。

焦阳下坐四小时打动刘晓庆，汗流浃背采访一小时

蒋超：谢谢大家，在这么寒冷的冬天，今天风也很大，很感谢大家这么多人来到现场。自我介绍一下，我叫蒋超，“80后”的河北人。我不知道有没有老乡，有没有河北人。有，你看都是这样漂亮的姑娘。谢谢！我原来一直是做电视的，从北京广播学院（现中国传媒大学）毕业之后，就抱着一个新闻理想，觉得做电视就应该拯救世界，拯救思想贫瘠的老百姓，毅然地投身到了央视。在法制频道，我每天穿梭于各个犯罪现场，看到很多纠纷，看到世态炎凉，我觉得整个社会都特别黑暗。做了一年之后，毅然决定离开了。

蒋超：离开了央视，我觉得我要去一个特别好、特别兴奋、特别让我觉得能够看到阳光的地方，然后我就踏入了娱乐圈。干了一年之后，我突然发现，相比中国的娱乐圈，法制节目就是小清新。很多人看到报道会发现，哎呀，娱乐圈真乱，是吧，赵老师（目光笑问下一位嘉宾赵嘉路）？我就觉得怎么能这样，接受不了。后来，接触时间长了，我慢慢发现、理解，逐渐感觉，原来娱乐圈就是个社会，和你我一样，跟在座的所有人都一样。我们会看到报道上说，这个人接受采访的时候口是心非，说的都是假话、骗人的。但是后来我明白一点，这就是人性。什么是人性？人都会有欺骗行为，无论是出于自我保护也好，出于自我炒作也好，或者任何其他的理由，总难以避免要掩饰和虚伪。

蒋超：很多时候，我们用虚伪的表象掩盖自己内心的真实。举一个最简单的例子，我们小时候会受到周边很多很多人的影响，比如说我小时候喜欢一个女生，我就不敢对她表现得特别亲热，因为那样的话，我会被别的男生鄙视。所以，我做的一件事就是狂欺负那个女孩。那时候我会特别幼稚地做一些事，如揪她的辫子呀，把她的鞋带绑在一起，在背后吓唬她，在她的铅笔盒里放蝴蝶、毛毛虫。等长大了之后她问我为什么总欺负她，我这时候才特别认真地

说，因为我喜欢你。

蒋超：所以，这就是人与人之间的故事。娱乐圈也一样，每天你见到的很多明星，他们也有自己的生活，明星也会害怕。明星看到记者，就像是我现在站在你们面前，我第一个出来，我也有点儿紧张。“迎着太阳，背后已有阴影。”我今天讲娱乐圈的事，是想给大家介绍明星人性的一面，明星越暗越美丽。明星平时都在明处，被众人簇拥，他是一颗星星。光明是有神性的，黑暗是有人性的。明星也是人，暗的一面他不想展示给大家，但往往暗的一面才是他真正的人性。我做娱乐记者七年了，接触和采访过的明星，不夸张地说，娱乐圈里边数得到的我都采访过。在跟他们接触的过程中，我有机会发现他们不为人知的一面。

蒋超：今天要讲的第一个人叫刘晓庆。我相信讲到这个人的时候大家可能有很多问题，很多人对她有一些争议。我说一下我对她的直观印象。刘晓庆很少接受记者采访，一年能接受一两家的采访就顶天了。那个时候我在北京台工作，领导给我一个任务，说要我采访刘晓庆。当时我就跟她的经纪人要她的电话号码，给她打电话约采访。这个经纪人是不能擅自决定的，他管不了事，都是刘晓庆自己拍板，她认为可以接受采访就可以，她不认可就不接受采访。那个时候，刘晓庆在西安拍摄《阿房宫》，她每天都在那儿。我说我到现场去找她，经纪人说晓庆姐说别来了，真不接受采访，真没时间。我说我真去，直接自己买票就飞去了。后来我和摄像两个人，就在2010年的夏天，在8月份的时候去了西安。那个时候西安的地面温度都是36度，我们两个打车，然后又辗转到了《阿房宫》拍摄地。

蒋超：天气特别炎热。到了门口，我再给经纪人打电话，他就不接了。又过了半个小时，我们两个已经汗流浃背，我给经纪人打电话，这回打通了。他说不好意思，刚才在排练。我说还是那件事。他以为我在北京，特别客气地说，您真别来了。我说我真来了，都到门口了，您能不能让我进去？哎呀，那好吧，您来吧！下午三点多，我终于见到了经纪人。他把我带到拍摄地里边去，那儿是一个很大的舞台，周围是很多的看台，无遮无拦，太阳就这么直射着。也没有可遮

阳光的地方给我们坐，我就跟摄像在台底下坐了四个小时，最后拿了瓶水都是我们两个人合着喝。

蒋超：演出结束的时候，我又去找经纪人，他说晓庆姐给你一个小时的采访时间。我问为什么，他说刚才晓庆姐在彩排的时候，看到台底下大太阳里坐着两个人，她问那两个小伙子怎么在那儿坐着，我每次出来他们就在那儿坐着，没有动过。我跟她说你们是记者，她说这种记者我愿意接受采访，因为他足够专业。那天，刘晓庆演出出了事故，她的手臂被烫伤了，都是血泡。她没有去医院，就在我这儿接受采访。大太阳天，身上汗得湿透透的，她就那么坐在我面前，妆都已经花了，眼影都夹着汗水流到下巴了。

蒋超：我为什么说起这件事，我觉得作为咱们年轻人，刚刚步入社会，我们会遇到很多需要攻克的困难。比方说，我们跟领导沟通，我们首先会害怕，说我能跟他聊上话吗？其实不需要害怕，只要我们特别认真地做好自己的事，特别坦诚地和他聊天，他们都在看着。只要用心去做就不会怕。

王志文用“耍大牌、脾气差”远离记者，拒绝因怕受伤

蒋超：王志文大家认识吗？讲到王志文，大家想到什么？有什么词可以想到？比如说对于媒体最多报道的：耍大牌、脾气差。确实是。他这个人做的很多事情是让别人觉得特别奇怪的。我举个例子，他在上海酒驾被记者拍到的时候，他会向记者做出不雅的手势。这是一种并不礼貌也不友善的行为。

蒋超：说到这里，大家肯定觉得这个人不是一个好人。他被媒体记者称为最难采访的三个人中的一个。我唯一采访过他的一次是在《风声》的发布会上，当时很多人要采访周迅、黄晓明、李冰冰，我们也约了，但是我们的采访被排在后边。组织方问要不要再采访一个别人，就是王志文。在场的所有记者都说，最近这两天太累，要休息一下。我没见过王志文的面，所以我就说：好，我来采访吧。

蒋超：得知采访时间是一个半小时，我当时就觉得，这一定会是一场噩梦。但是有时候特别奇怪的是，你和别人交流的时候，不要听他说过什么，而是听他没说什么。我见到王志文的时候是这样的，在一个很小的采访间，5平米左右的采访间，架上摄像机，两个人基本上距离只有……就是很近吧。我当时很紧张，我不知道该怎么开口。摄像兄弟在调机器，也不理我。我跟王志文两人就四目相对，我很认真地拿起一瓶矿泉水，拧开之后，给了王老师。我说王老师，这个我是谁谁谁，给您一瓶水喝。我当时真怕他把口香糖吐进去。但是，他接过来连着说谢谢谢谢，站起来还是说谢谢。我说摄像还在调光呢！其实，我心里想的是：怎么还没调完？赶紧问完得了。我只好跟王志文闲聊，我跟他说，王老师，您知道吗？我特别怕您。

蒋超：他说，为什么呀？我说，不光是我，全媒体圈的人都怕您。他问为什么怕他，我说您说话特别到位。然后，他说，其实我怕你们。这回轮到我惊讶了，我问他为什么。他说，我不知道你要问我什么，我不知道你来

这儿干什么，我不知道我这话说完之后你怎么给我写。我恭维他说，您都这么多年久经风浪。他说，小兄弟，你看我上过几次专访？我们俩就接着这个话题开始聊，聊完之后我发现，他其实是一个很胆小的人。他害怕自己说错话，他害怕自己暴露在别人面前，他只希望能够躲起来，做他自己在片场上拍戏那点事儿。所以，你只会看到他在片场拍戏，很少看到他在商业活动上出席。他只希望能够做一个艺人，一个演员。我采访他的那时候，记得他说过自己的一个故事，让我印象特别深刻。他说他小时候家里没有卫生间，只能去公共厕所。因为住的人多，那天公厕人满了，他就拿了一个尿盆在树底下方便。夏天，太阳很毒，一直晒着他，他就端着尿盆往树阴底下挪。几分钟之后太阳又照过来，他就再往里走。后来他就问妈妈，说太阳老追着我干吗呀？想躲它都躲不了。他妈妈跟他说，那是因为你躲得不够远，如果你躲得足够远的话，没有人能够伤害到你。所以，他现在躲记者也是怕自己受伤。他就是一个害怕记者、一个很谨慎的人，因为他不知道怎么样与我们这样的人交往。

蒋超：我相信大家身边应该也有这样的人，他可能很有个性，也很专业，他们做了一些自己爱做的事情、喜欢做的事情，但是他们本身并不会很好地与人交往，而恰恰这种人，我们应该更多地给他们关怀，给他们机会。不要因为别人说这是个怪咖，这是一个怎么样怎么样的人，我们就不去理他。要给他一个机会。

“浅浅的道理要渐渐地悟，短短的人生要慢慢地活”打动老艺术家冯恩鹤

蒋超：还有一个人大家认识吧，《潜伏》里边的站长冯恩鹤。老爷子在《潜伏》之后火了，那时候台里派记者去采访他，又是我。冯老师不接受任何媒体采访，他放出狠话，没有人能真正跟我聊到一起，尤其是你们这些“80后”的小孩。我现在说“80后小孩”是不是挺搞笑的一件事？我去片场，就坐在那儿看着他，他也看着我。然后我们俩就有一搭没一搭地说话。他觉得我是记者，不愿意开口。我就不拿麦克风，跟摄像兄弟说把机器关掉，我们聊会儿天。我说，冯老师，我做了您一些功课，您是多年演戏一直不温不火，对不起我用这句话。冯老师说，没事，特别特别真实。我说，我记得网上报道说您有一个妻子，您那时不火的时候，您妻子要去日本，去了十几年，您就守着一个孩子，还要给他做饭。作为一个男人来说，那个时候的您我觉得应该是失败的。我觉得作为人生，都有一个经历，有个过程，如果有些东西不去经历，不去享受这个过程的话，人生就不是完整的。我套用一位伟大哲人的话，“浅浅的道理要渐渐地悟，短短的人生要慢慢地活”，我觉得您就特别充分地证实了这两点。

蒋超：冯老师一下子眼睛就亮了，然后我们俩就聊开了，冯老师问，你要我的电话吗？我可以给你安排采访。就是一句话打开了他的心，他会敞开了跟你聊。有的时候，我们说自己跟别人聊不到一块儿了，那是因为你没有触碰到他的心灵，没有站在他的角度去考虑。

蒋超：眼看时间就要到了，还有两分钟，不好意思。我就说完这个故事吧，是闫学晶的故事。有一次在拍电视剧，我那会儿去探班，就我们一家媒体。我就采访她，我们两个坐下来聊。聊到了家庭，她就问我跟爸妈的关系怎么样，我反问她为什么这么问，她说她爸妈对她非常严厉，因为她那时候学二人转，她父母觉得这孩子不孝，就经常批评她。等她已经成名上了春晚之后，她爸妈对她也从来没有什么好话，说她怎么能做这些东西。当然这只是在吃饭的时候聊起来的话。闫学晶说：我其实也跟我爸爸妈妈争吵过，因为那时候我还年轻。哪个儿女没跟爸妈吵过架呢？

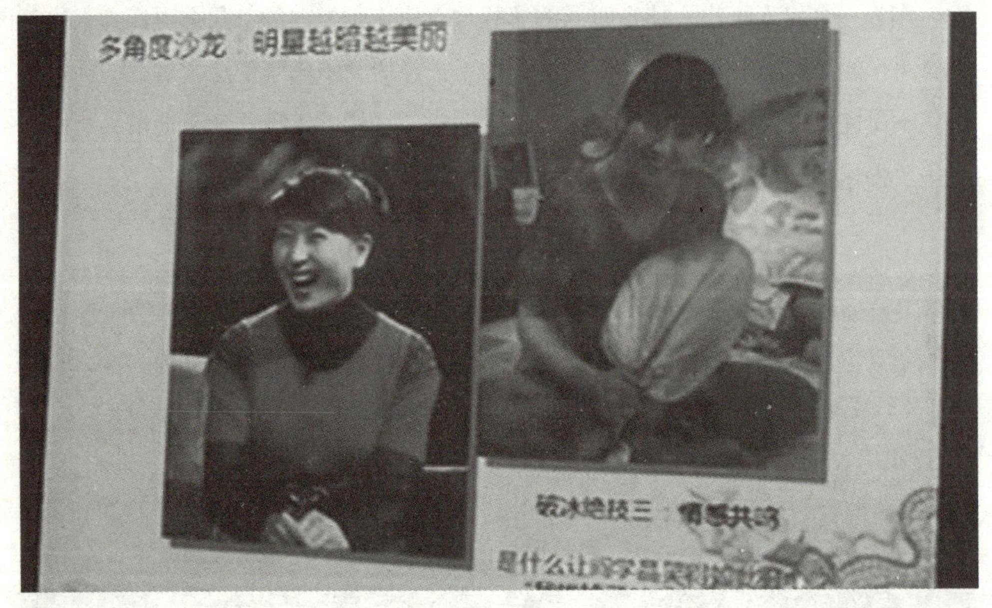

蒋超：又过了几年，就是前两年的时候，我再碰到她，再提到她父亲的时

候，她就哭得很厉害。那时候她父亲得了很重的病，已经呼吸衰竭，每天靠着氧气管在呼吸。她经常回家陪同，每天看着她爸爸。她有一次印象特别深，她替她妈妈的班去陪护爸爸，然后她爸爸睁开眼睛跟她妈妈说的第一句话是，“让孩子回去吧，家里的饭应该还热着，让孩子吃口饭吧。”她哭得可厉害了。后来，照顾她爸爸的那段时间，她觉得父亲的爱是另外一方面，尤其东北人，更有那种感觉。到了她父亲最后一刻的时候，说到这里她就哭得特别厉害，她的弟弟跪在地上，妈妈坐在一边，大夫说老人家已经过去了，你把氧气管拔下来吧。她亲手拔下了氧气管，她一直说她对不住爸爸，再聊到这儿的时候，她说一直过不去这个坎儿。后来，她和妈妈有时候也会吵架。有一次，她突然就跪在妈妈面前，说那一刻她突然明白了，爸爸走了，妈妈一个人就想唠叨，想说话。当听到一个老人跟你唠叨，当你能够听到的时候，其实是多么幸福的一件事。

蒋超：我不知道在那一刻我会想什么，我听了之后经常有很多的感慨。我们在北京离开父母很长时间，有的时候我们经常不打电话，打电话的时候母亲就会问什么时候结婚，什么时候要孩子，问一些让我们每次听到都感觉受不了的问题。但是现在想想，那何尝不是一种幸福呢？

蒋超：时间差不多了，我可以聊很多很多的话题，我准备的几个故事，希望大家能够喜欢我这些东西。谢谢大家。

（PPT字幕：蒋超他已经有主儿啦！）

明星没有绝对隐私，但没有必要像被扒光衣服一样在路上走

主持人徐金琪：各位女士请注意，他已经有女朋友了，但是你们还可以挑战的。开个玩笑。好！谢谢蒋超，请留步，现在到5分钟互动环节。

蒋超：对，我紧张得忘了，直接要走了。

主持人徐金琪：蒋超讲了这么多故事，我们在生活中也聊了很多，他今天由于时间原因，讲不了那么多，其实明星真的是越暗越美丽，不是大家想象的什么潜规则这么一类东西，它好多东西确实是人性最真实的一面，大家可能看不到的一面。所以，蒋超给大家的这个演讲，就是把明星回归到正常人。现在他有好多故事，他也有很多心得。5分钟，希望大家能够问出来。第一个提问的，先给一本书。OK，你来。

观众提问：我就不拿书了吧，我跟徐老师也认识，免得徐老师受不了。

主持人徐金琪：受得了，放心。

观众提问：我仅仅是因为听到蒋超老师的分享，确实很有感触，想请教几个问题。就问一个吧，时间有限啊。我想问一下，作为娱乐报道的记者，不可避免地会跟很多公众人物打交道，那记者如何在满足受众的好奇心与保护公众人物的隐私之间来权衡，来把握这个度？或者说报道的底线在哪里？谢谢。

蒋超：这个问题特别好，因为这也是我们一直在探讨的。我做娱乐报道，经常会介绍一些明星的生活、隐私。我个人对于这个问题是这么定位的，浅显地来点评这件事情就是，这个报道你愿不愿意给你爸妈看，愿不愿意给你孩子看，你觉得你爸妈看的时候会不会脸红，孩子看的时候会不会对他有什么影响。如果这两个都不影响，他们觉得都还OK，你就可以报道，这是最简单的定义。

蒋超：有人说明星没有绝对的隐私，也没有相对的隐私，我觉得每个人都有自己的隐私。我作为一个媒体行业从业者，不能给家里人看的东西，我是压根儿不会报道出来的。因为有些东西毕竟是人家的生活，他只是个明星，他虽然用自己的知名度换取资源和地位等，但是他没有必要每天像被扒光了衣服一样在路上走，就这样。

主持人徐金琪：大家还满意吗？满意给掌声。好，我们第二位，你提问大点儿声吧，我们麦克风有限。

观众提问：我就想问一下，您采访过这么多明星，对您世界观影响最大、对您颠覆最大的一种感触是什么？

主持人徐金琪：颠覆三观的人生，是吗？OK，可以了。

蒋超：其实说实话，没有一个绝对的，因为每天……

主持人徐金琪：每天都在颠覆，是吗？（观众笑）

蒋超：其实每天见不同的人，对于大家来说这可能是个新鲜事，比如我今天看到张艺谋，和他说两句话，可能我会记很长时间。但我们是在工作，每天有不同的工作任务，他们只是我们的一个采访对象。但是说实话，大多数人给我的感觉并不像网上报道的那样，也有不真实的。我觉得，真正颠覆的是会欺负手下人、欺负身边人的明星。比如他跟工作人员说，你去给我拿一杯咖啡，我要热的、现磨的。但有一些人对艺术的要求是很高的，比方说他会要求这场戏我就要这么拍，你要是不这么拍，导演你给我走人。这种不是欺负，而是一个艺术家对艺术的执著。有些明星说话很直接，有时似乎直接得很伤人，但同时他会特别尊重他人的工作，哪怕那只是一个扒唱词的人，那人只是帮他去提了一个东西，他都会特别尊重。因为他知道，真正在自己身边的就是这些人，他要尊重他们。

主持人徐金琪：好，下一个问题。给美女一个机会。

观众提问：您的主题是明星越暗越美丽，但是在娱乐圈里面，有时要有炒作才会有知名度。就像我们，我觉得很多人，比如我不是特别关注大明星，但是当我听到刘诗诗和吴奇隆在谈恋爱的时候，我第一感觉是因为《步步惊心》的现代版已经出来了，他们是不是在炒作呢？所以我就想，您当了这么多年的娱记，您是如何看待娱乐圈里面炒作这个词的？

主持人徐金琪：真的，她没说狗仔就不错了。

蒋超：你非得说出来干吗？我都没说。（观众笑）炒作这个词我是这么觉得，看你怎么看。其实我们每天都在炒作，我宁愿把有些事情、有些东西想得更阳光一些，想得更好一些。我觉得像恶一些的事情，比如打仗，或者骂仗，我宁愿认为它是炒作，它是一个博人眼球的东西。如果两个人秀幸福，能够在一起，其实也蛮好的。因为明星其实比咱们普通人更难的一点就是在于：他如果秀幸福，最后他们不在一起，他秀的所有幸福都会成为罪证。

主持人徐金琪：好，可以了。这位观众，留个问题给你。

观众提问：我想一下，刚才您谈了几段您特别成功的采访，我想问问有没有失败过。

主持人徐金琪：特别、特别失败的那次。

观众提问：对，然后失败的原因。

主持人徐金琪：挺尴尬的？

观众提问：对。

蒋超：有，我采访过一个人，这个人演过《走向共和》的袁世凯，叫孙淳。他有一年又扮演了一个类似的角色。我去采访他，因为知道他也是比较难采访的人，我就用一种比较……

主持人徐金琪：装孙子了？

蒋超：是真孙子。我就跟他聊，我说：哎呀，孙老师，您看您今天这个造型挺好的呀，您看您今天打扮，您今天这个头型很漂亮。我其实是在开玩笑，因为他剃了一个光头，眉毛也没有了。我说今天头型挺好，如果换成葛大爷，葛大爷会说：你别闹。然后孙淳就说：你啥眼神呀，我有头发吗？好吧，气氛就尴尬了。后来我又问了一句，我说孙老师您这个角色跟您上一个有没有不同的地方？都是扮演袁世凯。他说都是孙淳扮演的，没啥不同。当时整个现场就石化了，我说再见。

主持人徐金琪：好，到此结束。谢谢。成了专场演唱会了，这我道歉一下，做主持人失职啊。一会儿呢，这四位嘉宾演讲完之后，大家可以再跟他深入地交流一下。确实每个人都有自己的角度，有自己的观点。为什么我们叫《多角度沙龙》呢？不就是这样子嘛！我们用掌声感谢后来的那些朋友，他们很辛苦。

用智慧点燃爱情：男欢女爱背后的故事

【内容概要】

爱情是一个人人都要经历但又仍然充满神秘感的事物。想要美好的爱情，就要知道你的他和她心里在想什么。爱情有三个层次，也是三个阶段，如果能够从心理学上正确把握这三个阶段，了解男欢女爱背后的故事，克服爱情之路上的荆棘也许并不难。

【多角度讲师介绍】

赵嘉路，心理咨询师，中国心理学会会员，曾经在美国、挪威、荷兰、加拿大等国接受过十几年系统化的专业训练，“舞蹈治疗”“精神分析”是她的专长。作为一名女性，她尤其擅长处理情感领域的心理问题。

【分享开始】

主持人徐金琪：好，我们用掌声欢迎赵嘉路老师，有请。再给掌声热烈点儿，这是我们这场沙龙唯一的美女嘉宾。

赵嘉路：以后有机会给大家唱这首歌，其实我挺喜欢的。

主持人徐金琪：来一个吧，来一个吧，这个不计时。

赵嘉路：好，这个不计时，那唱个《自由飞翔》，有愿意和我一起合拍的吗？

主持人徐金琪：我愿意，大家都配合点儿。

赵嘉路：来，我们一起啊，开头怎么唱？

主持人徐金琪：那好吧，你还是演讲吧。

赵嘉路：那把这个放到最后，可以当个问题来问，老师您可以唱首歌吗？记得当个问题来问啊！非常欢迎大家，今天看到了很多老朋友和新朋友，内心就特别热乎。我特别理解刚才大家对蒋老师意犹未尽的感觉。我跟大家是一样的，尤其是和很多女同志一样，看到我们蒋老师的最后一行字，可能内心有点儿复杂，是吧？挺复杂的。但是可能听完了我的讲座之后，很多事情会发生改变的。

结婚证事大却廉价，建议结婚前需要考性知识

赵嘉路：要么他变了，要么我变了，一切皆有可能。好，欢迎大家来到这里，尤其在一个周日的晚上，而且是这么冷的晚上。一开始我还挺担心的，这么晚、这么冷的日子，大家会不会来呀？会来多少人啊？一看到这里满当当的，我觉得你们做了人生最重要的一个决定。

赵嘉路：人生，我们老会问三个问题，我们从哪里来，到哪里去，以及我们为什么要活着。老问这些问题吧，其实这些都是谈虚的。说句实在话，我们每一天的选择就在告诉我们，我们从哪里来，到哪里去，为什么要活着。你们今天本可以选择待在家里边，开着暖气，看着电视。你们也本可以选择玩游戏，对不对？但是你们选择来到这里。我觉得人生就像好多个账户一样，我们在不同的账户里去诠释不同的东西，每个人在不同的账户上存不同的钱，所以我们会提取不同的东西。但是你知道，有些时候，我们一分钱都没有投入进去，却能提取特别多的东西。

赵嘉路：我到30岁了，在场的很多人可能还没有，一讲到这个，我内心就特别难过。我们到30岁时希望结婚生子吧，希望自己从此过上美好的、圆满的、幸福的生活。但是漫漫的人生路，从来没有在这个账户上存过钱。这个也不能怪大家，我觉得应该怪政府。有事就怪政府，为什么这么说呢？大家想一想啊，我们长这么大，高考要考试吧，要复习吧，大学毕业也要考试吧，拿到一个大学毕业证。就算学个驾照，也要接受培训考试吧，大家拿证都要考试，合格了才发证。大家的结婚证是怎么拿的？九块钱，对，我们这个证是买来的。

观众：超便宜。

赵嘉路：超便宜，人手一个。这个事超简单的，我们只要去交九块钱，就可以和一个人合法结婚了，就可以获得人生中最重要的一个证，这合适吗？但是我们就是这么做的，所以我有一个提议，今天我特别想跟大家分享，我觉得以后结婚是要考试的。考什么？考你对性的知识，考对男人和女人的知识。关键是要考你认不认识他，了不了解你生命中这个最重要的人。但是没有啊，我们就莫名其妙地走进了婚姻的殿堂，你的人生就从此过上了……

观众：为什么要说莫名其妙走进婚姻的殿堂？

赵嘉路：接下来这就是我们今天要讲的重点，您真是未卜先知。这个朋友不是托儿啊。所以，今天我说你们做了一个特别重要的选择。

观众：您结婚了吗？

赵嘉路：这个最后揭晓，他们都是托儿。我发现我的讲座只要托儿问了几个问题，我的讲座基本上就可以结束了。好，非常好，谢谢你们。开玩笑的。那我们开始来讲讲爱情了。一讲爱情我就特别惶恐，忘了自我介绍，说叫女汉子是吗？可能我觉得有两个主要原因，第一我长得高，女汉子首先在身材上要占据主动。第二就是内心也像个女汉子。

赵嘉路：我虽然是做咨询的，但其实之前也做过很多别的，创过业，我投入的十万块钱都打水漂了，都是些失败的经验，就不和大家分享了。但是最后，人嘛，我觉得最重要的一个选择，不是看我们拥有了多少，而是我们愿意舍弃多少。我一直觉得女汉子最重要的一点应该在这里，就是你愿意去舍弃，去追求自己真的想要的东西。所以我折腾来折腾去，还是觉得心理学比较适合。因为我本来就是学心理学的，徘徊了很久，发现这才是我想要的东西。虽然它不会让我那么富有，也不会让我那么光鲜，但是我觉得这是一个能让我幸福、也能让别人幸福的专业。

赵嘉路：刚才蒋超说，他那个职业可以看到人间的世态炎凉，我觉得我可以看到人内心中最痛苦、最伤心、最难过的部分。但是我依然可以看到，在那么难的情况下，在人生中遇到那么多痛苦的时候，这个人还是在坚强地活着。想起俞敏洪的那句话，“在绝望中寻找希望”，我也希望我们做的事情是可以在一个人最绝望的时候，为他找到生命中的那一盏灯。所以，我就投身到了心理学的行业。言归正传，讲了这么多，扯了这么多，我们来讲讲爱情。这个问题不太好谈，因为在座

的，很多人觉得我年轻，怎么能跟你们谈爱情？所以今天不是谈，是讨论。

赵嘉路：那么提起爱情，大家脑子里肯定会有很多的想法。那我问问大家，提到爱情，你会想起什么？大家一定要记住，第一时间赶快蹦出来，不要思考。

主持人徐金琪：（指着一位观众）他真思考了，他思考了。

赵嘉路：很多时候我们特别容易思考先行，而总是忘记自己的感受。但是，爱情这个东西，一定是感受先行，然后才思考的。那你已经错过了机会，Sorry。其他人呢，提到爱情想起什么。

观众：付出。

赵嘉路：付出。你呢？

观众：困难。

赵嘉路：困难。你呢？

观众：很矛盾。

赵嘉路：矛盾。好，再有呢？

观众：时机。

赵嘉路：时机。大家听到了啊，那现在我给大家十秒钟的时间，你们每个人想起爱情，在脑海里设想出一张纸来，看看在脑海里想到了什么，可以是一幅画面，也可以是一个词。

主持人徐金琪：一、二、三、四、五、六、七、八、九，时间到。

赵嘉路：好，每个人都记住自己想的这个词，到最后的结尾我们可能会重新提到这个部分。大家可以感受到所谓某种东西在流动的感觉，待会儿我再来跟大家讲，大家记住自己想到的词。那么我们讲到爱情，其实最多的就会问它是什么，也希望能知道在爱情中我们能得到些什么。那现在我跟大家分享一个故事，然后肯定也需要大家一起帮我去思考，一起去找到这个问题的答案。

女人要随心所欲，告诉男人一千遍也记不住

赵嘉路：在很久很久以前，有一个国王，这个国王特别厉害，攻无不克、战无不胜，有着非常卓著的功勋。他在事业上获得了很大的成功，他的疆土也得到了很大的扩张。但是他一直搞不定一件事情，搞不定什么呢？搞不定他的老婆。这可能是很多男人的心声，虽然在外面很厉害，但是总是搞不定自己的老婆。所以，他左思右想，使出了浑身的解数，给他的老婆建新的宫殿，买各种珠宝，但是发现他老婆还是不满意，老跟他说，你根本就不懂得我们女人喜欢什么，你根本就不知道我想要的是什么。这个国王特别难过，他一直在想，我怎么就不知道我的女人喜欢什么呢？但是他已经无能为力了，他已经尝试了很多的方法。这个时候，他就把他们国家最聪明的人全部召集到宫殿里召开圆桌会议，大家一起来讨论女人要什么，王后要什么。这些聪明人就开始七嘴八舌地议论了，有很多的内容，女人要车、要房，女人需要关爱、体贴……国王把这些答案统统都告诉他的老婆，他的老婆却更加生气了：你简直是在胡闹，你根本就不知道我想要什么。

赵嘉路：然后，这个国王就更难受，他老婆甚至要和他离婚。以前从来都没有听说过国王和王后要离婚的，国王也没有什么办法了。这时，国王有一个随身的侍从对他说，在我们城外有一间小茅草屋，茅草屋里住着一个老太婆，是个老女巫，听说她是无所不知、无所不能的，也许她知道这个问题的答案。国王没有办法，就派了一位将军去找女巫。将军来到茅草屋的前边，女巫透过门缝看到了将军。将军长得特别高大威武，眉宇之间透着一股英豪之气，特别有吸引力。将军就站在门外把国王的困扰跟屋里的女巫说了一遍。然后女巫说，要问女人要的是什么呀，这个问题我知道。将军一喜，觉得有交代了，说你赶快告诉我吧。女巫说：不过我还有一个要求。将军就赶快问，是什么要求呀？女巫说，我要嫁给你。将军一听，特别惊讶，心想这么老的声音，肯定是一个奇丑无比的女人，做自己的妻子简直太可怕了。但是没办法，因为他毕竟是将军嘛，要为国王办事。他对女巫说，我只能跟我们的国王汇报一下，然后再来告诉你最后的结果。

赵嘉路：将军跟国王汇报了，你知道的，在国王眼里，女人最人嘛，管将军要娶谁呢，所以很快就同意了。国王让将军赶快去找到女巫，说同意这门亲事。然后，女巫就给了将军一个信封，说这个信封里面就装着你们要的答案。将军把这个信封交到王后的手里，王后打开那个信封一看，大悦，说我要的就是这个东西。我问问在场的男士，你们知道那个信封里写的是什么吗？

观众：自由选择的权利。

赵嘉路：你是听过这个故事吗？

观众：我一开始想不出来，后来在网上找到了这个故事。

赵嘉路：关掉Wi-Fi。

主持人徐金琪：看来这Wi-Fi还是不错的。（观众笑）

赵嘉路：好，你想说什么？刚才看你也举手了。

观众：我说是尊重。

赵嘉路：尊重，好。还有吗？正确答案已经公布了，但是这个故事没有结束，我早就料到你这一招了，所以我还准备了下半截的内容。下半截大家就不要查了，我想下半截应该是查不着的。好，那我接着说。他说的对，这个上面就写着“自由选择的权利”，过随心所欲的生活。王后特别开心，国王和王后又在一起生活了。但是这时候大家不要忘了，还有一个人呢，那位将军。

赵嘉路：将军恐怕要去面对他最惨淡的人生了。将军回到了茅草屋，他的心情非常复杂，我相信大家能体会得到。当将军打开门，准备迎娶女巫的时候，他发现屋子里的人并不是他想象中那样特别老、长满皱纹的丑陋女子，而是一个妙龄少女。他一惊，走上前去问，你是谁？这个妙龄少女说，我就是那个你要娶的女子呀，我就是那个女巫啊。将军大悦。但是这个时候，大家知道，人世间最讨厌的两个字是什么？“但是”。女巫接着说，但是，我既有女巫的一面，也有少女的一面，我可以白天是老太婆，晚上是少女，也可以白天是少女，晚上是老太婆。女巫问将军，你要怎么选择？好，假如你就是这个将军，你要她白天还是晚上变成老太婆？

观众：我选择白天是女巫，因为白天我出去上班嘛。

赵嘉路：好的。你呢？

观众：同样的答案。

主持人徐金琪：看来都是上班族。女士稍等一下我们再采访。

观众：我说吧，让那个女巫自己选择。

赵嘉路：很聪明。你们俩刚才没有听我讲故事吗？抱歉，这是一道测试题目，看有没有人在听我讲故事。的确是，我们刚才说了，女人想要的是什么？很多时候女人告诉你一千遍她想要的东西，但是我们总是视而不见，就像刚刚一样。但是，这个不怪你们，不要有压力。今天你是自己来的吧？（男士点头，观众笑）

赵嘉路：还好你是自己来的。女人想要的就是随心所欲的生活，那么你愿意白天是老太婆就白天是老太婆，愿意晚上是老太婆就晚上是老太婆。女巫就说了，这样啊，那这样的话，我就白天和晚上都是少女好了。皆大欢喜啊。我们讲到这儿结束了吗？没有，这才是开场白。我觉得无论是男人、女人，都想要这种自由的生活吧？不光是女人，男人也需要，随心所欲多好啊。但是大家有没有注意到，什么叫作随心所欲的生活，尤其是关键的“随心”两个字？很多时候，我们都不知道我们的心在哪里，我们怎么过随心所欲的生活呢？

赵嘉路：我们总说要自由，那我们要的是什么自由？我们要在哪个部分获得自由？如果真将全部自由给了你，你能承受得住吗？这其实是一个比较老生常谈的话题。讲爱情，大家在网上到处都可以搜到这样的问题，“男人喜欢什么”“女人喜欢什么”“泡妞秘诀”“泡妞大法”，铺天盖地的信息可以告诉你，应该找一个什么样的人，怎样去追求一个人。全部都是教“术”的，都是教大家技巧和方法的，但是我们总是忘记一个最核心的问题，那就是我要找什么样的人，什么样的人才是适合我的。

赵嘉路：我觉得这才是问题的根本，而且很多时候我们只需要一个人，我们要求那么多最后就只需要一个人。所以，我今天的讲座就是关于这个主题的，就是我们怎么去找到唯一的、而且适合我们的一个人。那我们来想一想，我们最真、最根本的择偶标准是什么？这个人给我们提供的是什么，就是我们最基本的一种需要。人最基本的两种本能，一种叫生本能，一种叫死本能。死本能是什么？我们贪婪、懒惰、拖延。今天迟到的同学就没有办法坐位子，我不说你们迟到，因为你们有各种各样的原因，但是你们的确是来晚了。

赵嘉路：好，我们的贪婪、拖延都是死本能。那么生本能是什么？生本能就是我们欣赏的那个渴望。我们最大的渴望来源于哪里？弗洛伊德把这个词称为力比多，也就是我们所说的性本能。性本能让两个人紧密地联系在一起，在这个过程中体会到鱼水之欢，体会到来自于内心深处最纯洁的、也是最欢快的感觉。这个过程会让大脑产生很多激素，叫多巴胺。大家在长时间跑步的时候也能体会到。找不到对象的人，可以长时间地外出跑步，这种感觉是一样的。

赵嘉路：我们产生的这种叫作多巴胺的东西，会让我们有愉悦的感觉，而且这种愉悦的感觉是不需要付出成本代价的，只需要一个人就可以帮你完成。所以，我们本能的第一个作用就是带来愉悦的感觉。本能的第二个作用是关于繁殖的，说完这句话大家可能很沮丧，觉得说爱情跟繁殖有关系太粗俗。但是我们不得不承认，从远古走来的一万多年当中，人类主要做两件事情，一件是采集，一件是守业。所以，人要去寻找最优质的物种来延续基因，比如男人会很喜欢胸比较大的女生，是吧？

观众：其实这个叫“良好的腰臀比”。

赵嘉路：对，非常好。知道比值是多少吗？0.7啊，腰臀比0.7，这是最好的腰臀比。男人喜欢这样的女人，也喜欢长头发的女生。为什么呢？这是女性生育功能强的体现。这样的话，她可能有很好的基因，而且可以养育很多的孩子。这是我们最初始的、人类发展一开始就有的需要。女人也是一样，希望能找到一个高大威猛的能够养家糊口的男士。这也是需要，可以帮助你一起照料小孩，能让孩子真正地存活下去。

赵嘉路：可能有的人要跟我调侃了，说现在有手术可以在胸部填充硅胶，想要长头发可以马上去做一个接发。是的，人类的发展，我们身体的发展，从进化论的角度来说是很缓慢的。几千年来，我们的身体、大脑和以前几乎都差不多，所以本质的需求也是差不多的。所以，有时候男人明明知道是假的，明明知道整过容，但还是喜欢。这是为什么？这就是答案，因为人类本身的进化和现在时代的发展是不匹配的。所以，人的最基本需求部分还是一样的。讲完这个，大家可能会很沮丧，但是要知道，如果你周围的人跟你说她喜欢高帅富，或者他喜欢白富美，大家一定不要嘲笑他们，这样的人其实是最纯洁的孩子。

主持人徐金琪：在座的全是纯洁的孩子吧？（观众笑）

讲师男朋友来到现场，意外情况获热烈掌声

赵嘉路：如果一个人把他的择偶标准定成这样的话，你可以看出，他是一个内心不太虚伪的人，因为这是最本能的需求。如果一个人可以把最本能的需求表达出来，我觉得这样的人防御会比较低，此朋友可交。可能你骗他，他还要给你数钱呢，就是这样的一种状态。我们讲的这个第一层是最底下的一个层次，只要找到一个人就行了，那么第二层就是我们要找到一个合适的人。

主持人徐金琪：等等，第二层时间就到了。赵老师，您还有几层内容？

赵嘉路：三层。

主持人徐金琪：那再给你两分钟，把这两层说完，好吗？

赵嘉路：好吧！我是话痨啊，讲到哪儿算哪儿。人是要随性一点儿，对不对？好，我们讲到了第二层，第二层其实是最重要的一层，我们叫作心理需求层，是真的能够决定那个唯一质量的一层，但是没有时间讲了，所以我们需要两次，我们需要再讲一期。

主持人徐金琪：这是要返场，是吗？

赵嘉路：对，我们需要申请返场。第二层是我们的心理需求层，我觉得娱乐圈肯定能用得着。为什么娱乐圈的很多人会有那样的行为表现？这和他们的童年成长经历是做嫁接的。每一个人都是裹带着我们的过去来到现在的，我们也将裹带着我们的现在到未来。我们在急着和别人建立关系之前，一定要先搞明白自己，如果连自己都搞不明白，你再找一个人的话，你会越来越不明白。但是，如果你找到了一个合适的人，他就像一面镜子一样，把你的优点照得更大，也会把你的缺点照得更大。这个时候，你就可以更深地认识你自己。

赵嘉路：第三个层次是社会需求层。其实之前是没有社会需求的，是因为有了婚姻这样糟糕的制度之后，我们才必须去约束自己。你要和一个人结婚，第三层很重要。一个男人最优秀的品质，如果你要结婚的话，那就是要克制。克制是走向婚姻的条件，无论男人女人都要具备。第三层想跟大家分享的就是这个部分。刚才讲了这么多，我要回答一下刚才那个朋友的问题，关于我有没有男朋友的问题，这个问题是一定要回答的，最后回答。我在好多地方都讲爱情这一话题，但是今天这场是我最紧张的，因为我从来都没有邀请自己的男朋友参加过。我觉得很别扭，自己在上面滔滔不绝地讲爱情，下边坐着他，总是有一种很奇怪的感觉。所以今天他能来，我非常高兴，所以我就特别想跟他说……掌声稍候，咱们把话说完。

主持人徐金琪：掌声稍候，那再压一会儿说。

赵嘉路：就是我特别想跟大家说，真的很开心，我觉得他给我带来的最重要的一个部分，就是他时刻都以我为荣。我讲了这么多、学习这么多、研究这么多，只是希望能用我一辈子的时间去真正地读懂他。

观众：读懂了。（观众掌声、笑声）

主持人徐金琪：哎哟！这掌声。刚才好多人看我，我真的不是啊。掌声有请她的男朋友，欢迎你。（男友起立）好帅呀！谢谢。赶紧拍他，刚才你拍我拍错了，是他。

赵嘉路：我觉得他特别帅。大家发现了吗？所以大家知道，我第一节没白讲，大家可以看到，我是一个多么纯洁的孩子。因为我在第一个层次上一直非常坚持着，所以大家可以放心地和我做朋友。

主持人徐金琪：好，谢谢赵老师，我愿意跟你做朋友。

恋爱分三阶段，最终要走向独立

主持人徐金琪：好，现在进入互动环节。哪位提第一个问题？你男朋友在这儿不好提了吧？好，就旁边这位，给您话筒。

观众：我有一个问题，姐姐，我想问您的就是……

主持人徐金琪：姐姐，姐姐，哥哥你要问啥问题？

观众：在你挑男朋友的时候，你更看重他的个人品德，还是他的长相，还

是他的前途？您和男朋友相处的时候呢？

赵嘉路：这个问题特别像我爸爸提的。我爸爸也问我，你到底看上他的什么？责任心？上进心？爱运动？有思想？我爸问到底是什么？我说一个字，帅！

主持人徐金琪：好了，这个问题完了，下一个问题。

观众：我想问一下，就是关于几年之痒这个说法，从你的角度怎么解读？

主持人徐金琪：几年之痒，你们准备几年痒？

赵嘉路：随时都可以痒一下。

观众：现在几年了？

赵嘉路：我先回答她这个问题。其实这个问题是我第二部分特别想跟大家分享的。爱情是个过程，这个过程和我们最原始的、从依赖到最后走向独立的过程是一样的。我可以多讲一点点吗？这个部分很重要啊！我也特别想分享给大家。大家可以回想一下我们从小到大的一个成长过程，我们最先在妈妈的怀抱里，然后妈妈把我们抚养成人。这个过程，最开始的部分是完全、全能的感觉，我觉得整个世界都是我的，我一哭所有人都围过来了，看我是渴了、是饿了、还是尿了。所有的注意力都在我这儿。那么，对应的爱情的感觉是什么？那就是我特别想和这个人紧密地挨在一起，希望全部占有他，甚至刚一离开就特别想念他，想和这个人紧紧地拥抱在一起，这就是热恋的感觉。

赵嘉路：然后，随着孩子慢慢长大，要离开爸妈，要去探索新的世界。我们可能摸摸这个、摸摸那个，我们学着走路，去很远的地方。一会儿还有关于《爸爸去哪儿》的分享，那个节目里有一个小男孩叫作Kimi，大家看过就会知道，Kimi离开林志颖就是这个过程。他一开始不太敢离开，不敢和别的小朋友一起出去玩。但是慢慢地，到了第五期，他真的开始自己走出去了。这个过程就好像是我们在探索这个世界一样，我们慢慢地发现可以自己一个人去探险。但是Kimi经常要回头，他希望爸爸在那里，希望能找到爸爸。两个人的感情也是一样。我们在这个阶段的时候，因为每个人的节奏不一样，当两个人慢慢相处到这个阶段了，有些人就需要空间了。他需要去经营他的事业，需要为他们两人的生活更好地去努力。但有一些人会觉得，对方想要逃离，对方想要离开自己，所以会查他的手机、查他的e-mail、查他的QQ，去找他可能要离开自己的证据。有两大杀手锏，第一个是控制，第二个是永无止境的抱怨。这就是你刚才问的这部分了，我们进入爱情特别重要、也是特别艰难的时期，叫成熟期。

赵嘉路：我们特别希望能够控制他，然后抱怨他，想让他和我们想象的一样。这两个部分大家一定要记住，不管现在有男女朋友的，或者没有男女朋友的，都一定要记住，控制和抱怨的背后都是需要。如果我们淹没在对方的控制里，挣扎着跑出来，或者是淹没在对方的抱怨里而选择不理他，这样导致的结果绝对是两个人的分开。如果在控制和抱怨中我们能听听他的需求，去和他讨论，也许就会发现，其实他的需求不一定是针对你的，可能是他过去的生活经验中缺失的部分，是他本来就缺少的部分。我们去告诉他，去帮助他，理解他的需求，并且让他感受到，慢慢地愈合他这个需求，那么我们就可以过去这一关。接下来就到第三关，走向独立这一关。主持人离我越来越近了，我的话也越来越快了。最后两句话。

主持人徐金琪：好。

赵嘉路：我们的第三关就是地理上的分离、经济上的分离，你和另外一个人建立了亲密关系的情感上的分离，走向了独立。同样，我们之间也是一样，我们慢慢地彼此支持，他有个人的事业，我们可以在一起聊聊天，可以分享，最好的境界是可以共创人生。这就属于第三个部分，第三个阶段，也叫稳定期，或者独立期。所以，爱情是个过程，当你热恋的时候，你要知道，可能后面会有暴风雨；当暴风雨来临的时候，你要相信你能走出来。关键是能够看到他的需要。最后一句话，其实我们要找的只是一个人，只是一个适合你的人，谢谢大家。

主持人徐金琪：好，谢谢赵老师，太棒了。大家听得很high，你还想问吗？

观众：赵老师没有公布，当时我们每个人想的关于爱情的那个词。

赵嘉路：对对对，谢谢这位朋友。刚才我们每个人不是想了一个词嘛，我也讲了三种需要，一种是生理的需要，一种是心理的需要，还有一种是社会的需要。大家想到的这个词，你们可以看看，到底是属于哪一个方面的需要。比如付出，这肯定是一个亲密的需要；比如说房子，那你想要的肯定是一个社会的需要；如果你想到的是荷尔蒙、一夜情啊，那肯定是生理方面的需要。心理学中有一种说法，当我们处于完全无意识状态的时候，第一印象想到的词，往往会反映我们真实的渴望。所以，这也可以帮助大家去理解，自己正处于爱情的哪个阶段，在这个阶段你的渴望是什么？当然，我们的渴望是会发生变化的。好，谢谢大家。

观众：赵老师，什么都没想到会是什么？

主持人徐金琪：很好很好，谢谢赵老师，掌声给赵老师。我发现美女嘉宾太受欢迎了，人家男朋友在场的情况下你还这么穷追不舍。没问题呀，等四位嘉宾讲完之后，你再扑向他们，再跟他们交流嘛！

从《爸爸去哪儿》看电视节目赢利模式

【内容概要】

在从业者讨论电视是否会死去的时候，电视节目却一次次地刷新经济收益的纪录。从《中国好声音》的全产业链开发，到《爸爸去哪儿》的“影”、“视”结合，电视节目用事实说话，证明了这个“夕阳”产业的“钱途”无量。电视节目怎样才能赢利，这种全角度开发的思维是否可以应用到其他商业实践中？了解一档电视节目的赢利模式，如同解剖一只麻雀。

【多角度讲师介绍】

张庆龙，以跨界为关键词的媒体人。跨越新旧媒体，从《南方日报》到搜狐网；跨越体制内外，从网络媒体又回归中央电视台；跨越行业，从新闻到综艺；跨越工作，从总撰稿到导演再到项目统筹。跨界，看到了多个角度。他的代表作既有小清新的《开讲啦》，也有大制作的《出彩中国人》《舞出我人生》《最美那首歌》。

【分享开始】

（播放《爸爸去哪儿》节目视频）

主持人徐金琪：怎么样？不错吧！给点儿掌声怎么样？这是什么节目？

观众：《爸爸去哪儿》。

主持人徐金琪：《爸爸去哪儿》，对的。今天，我们的嘉宾第三场讲的就是这个节目，那么现在我们来看主讲嘉宾的一些资料。

（嘉宾介绍视频）

主持人徐金琪：第一次沙龙有参加过的吗？哪些朋友参加过第一次沙龙？我的天哪，第一次来了，第二次就不来了，这是什么意思？一共才三位。太好了，我真的没有什么东西送给你们，谢谢你们。上次沙龙就看到张庆龙揭密《中国好声音》，那今天我们想让他来谈谈，就是我们看到的这个标题，“爸爸发达了，去哪儿挣大钱，从《爸爸去哪儿》看电视节目的赢利模式”，掌声欢迎张庆龙。大家稍等一下，我们前两位嘉宾有上场音乐，他上来的音乐是什么呢？

（《夕阳红》歌声响起）

主持人徐金琪：好吧，在《夕阳红》的歌声中，张庆龙上场了。掌声欢迎张庆龙。

张庆龙：虽然我是用《夕阳红》的音乐作背景，但是我真的很年轻。大家也能看出来，我不到80岁。我刚才一直在回味赵嘉路老师的那个讲座，她的讲座整个听下来，我觉得特别受益。用一句话总结爱情，就像赵本山有句台词说的，凑合过吧，还能离了咋的？

《爸爸去哪儿》播前心里没底，美的临阵撤资便宜三九药业

张庆龙：你们知道吗？我今天讲的这个，刚才大家看到的这个节目，大家也知道，我是做电视节目的，想不想知道这个节目背后你们看不到的东西？

观众：想。

张庆龙：对不起，我也不知道。我本来是有机会去学习的，2013年我们要跟天娱传媒有一个合作，如果有合作，我们一定要去学习一下的，可是后来合作推迟了，所以我一直没有机会去现场学习，不能像跟《中国好声音》团队那么亲密地接触。所以，今天我没办法给大家揭秘。但是我们是多角度沙龙，所以虽然我没有亲密的接触，还是可以告诉大家一些可能大家不知道的东西。让我想一下，我没有那么多八卦消息，怎么弥补一下大家呢？我就告诉你们节目是怎么赚钱的吧。虽然我现在还是穷屌丝一个，但是咱要有希望。按照刚才赵嘉路老师的说法，咱现在是第一阶段，等我们有了三个阶段之后，就可以土豪了。所以，今天我们先做好这个培训，做好理论上的储备。

张庆龙：我先来给大家说说这个，落跑的广告商。有一家著名的电器厂商叫美的，在最开始的时候打算投入这个节目。我们中国人特别有意思，他特别喜欢讲什么呢？比如让我们做电视节目，一定要问这个电视节目的收视率好吗？一个创新的节目，你知道它收视率好不好？但收视率压力就是这么大，你不知道它的时候就等于不敢去做。我们有一个办法，怎么来检测这个电视节目好或者不好呢？就叫作历史数据测试。同一类型的节目有没有过？唱歌有没有过？你说有。OK，它的基因是好的，那可能带来高收视率。比如说《中国好声音》有了高收视率，但是同志

们想一想，这个《中国好声音》做得好，不等于大家都做得好，对不对？

张庆龙：然后呢，美的投入进来的时候，就觉得这个节目都是什么玩意儿啊。这收视率把不准，美的心里就没谱。而且看人家那个《中国最强音》《中国好声音》，中国各种音，都放在黄金时段播，黄金时段就是晚上八点到十点，而《爸爸去哪儿》这个节目放到了晚上十点半以后。其实从我们专业角度来说，十点半以后的收视压力没有那么大，所以可以相对降低节目制作的风险。美的一看，制作风险是小了，那我广告回报可能就不行了。所以他就做了下一个动作，跑了。美的跑了之后，就便宜了另一个。

张庆龙：大家看照片，这不是便宜了周华建，而是“三九感冒灵”。人家捡便宜了，以特别特别便宜的一个价钱，就拿下了这么一个大火的节目的冠名。本来节目可以更“美的”，现在美的心里肯定一点儿也不美。大家都以为三九药业会很高兴，是的，今年（2013年）确实很高兴，但是明年就要哭了。兄弟，明年这个“三九”还能不能冠名，我相信有可能冠不起这个名了（注：伊利以3.1199亿元投标价拿下《爸爸去哪儿》第二季的总冠名权）。今年乐开花，今年赚了，明年再说吧。所以大家看，电视节目凭什么来赚钱？节目最后的动力是什么呀？大家不会真的以为做节目是为了丰富群众的业余文化生活吧？我相信应该不会有人这么天真。所以，做节目到最后都是要赚钱的，这段掐了别播啊！

电视广告软性植入更受欢迎，容易被观众潜移默化地接受

张庆龙：电视节目有几种赚钱的方式，现在有几种大家能想到的方式？我下面肯定会提，大家想到的是什么呀？

观众：广告。

张庆龙：广告，对吧！这东西大家都知道，但是我也得告诉您，一般人我都不告诉他的。第一就是广告，大家看这几幅图，能看出这个是“相宜本草”，这个是“三九感冒灵”，那个叫“加多宝”。除了“三九感冒灵”之外，剩下的这两个广告商给节目冠名的费用绝对超过5000万。第一季节目就超过了5000万，第二季节目大家可以想象一下这个数字。

张庆龙：广告是大家都能想象得到的方式，不管你看不看，它都会同时

出现在屏幕上。这个标志放到这儿就要给钱。OK，还是强制推广的。那大家看，另外一种广告是什么呢？现在相比于给节目冠名来说，广告商越来越不倾向于这种直接生硬的方式了。你看“三九感冒灵”，为什么它会冠名这个节目？美的为什么会冠名那个节目啊？它背后是对跟它品牌契合度的考量。“三九感冒灵”是针对小孩的（说明书上说：小儿应在医师指导下服用），所以它在冠名《爸爸去哪儿》这个节目的时候，觉得能达到最大化的、让人最大程度不反感的效果，而不是说在这个节目中出现会让人反感。“加多宝”就不用说了，“正宗好凉茶，正宗好声音”。各位，虽然你喝了好凉茶也未必有好声音。这种广告是大家最常见的。

张庆龙：还有一种手段大家肯定也知道，但是可能没有人太往这上面动心思，这就叫作“软广植入”。比如说，我现在站在这儿，后面有一个“多角度沙龙”的标志，同志们，我在做“软广植入”了，多角度沙龙，是吧？然后，你看电影《非诚勿扰》里葛大爷和舒淇聊天的场景，就植入得更巧妙，一个“工商银行”的牌子摆在茶桌上，你如果注意到它，它就在那儿，你如果没注意到它，就可以当它是一个道具，可以当它不存在。但像《变形金刚》电影里的做法，我一直觉得做得特别逗，一个东方人的面孔每天喝舒化奶，总觉着他没长大。还有一种植入广告做得更过分，赤裸裸地打了很多个镜头，但是观众又未必注意得到。我们有的时候也会做软广植入，但做节目的时候是一定要把节目质量摆在第一位的。有时候做内容的会忽略软性植入广告这一点，因为我们不是广告商，也不是广告部的。但是，运营广告的同事会特别注意。有一次，我们做节目，就有一位嘉宾穿了一件花衬衫来，穿花衬衫上电视特别不好看，我们说给他换一件素的。那兄弟得有一米九的身高吧，估计现场在座的很少有能配得上他这身材的。但是很不幸的是，我能配得上。虽然我没有一米九的身高，可是我很胖，我的衣服他可以穿。然后我的衣服就拿过去给他穿了。穿上之后，胸前的位置有一个大勾，是“耐克”的标志。我们当时没注意到，到最后剪辑的时候就很麻烦了。人家一看，说，你这不是给耐克打广告吗？“耐克”的标志出现在这儿这么明显。我说，那怎么办，你总不能在这儿打马赛克吧，这不合适啊。给领导的表打个马赛克还无所谓，你给我衬衫打就太不合适了。所以，这种植入呢，也是一种现在比较流行的方式。广告商、投资方会在这些地方动脑子，因为他们不想引起你的反感，而想让你潜移默化地接受。就比如说我的多角度沙龙。

张庆龙：第三种模式，就是版权和节目模式的输出。中国现在是很牛的，全世界几乎没有我们没见过的模式。但是，以前我们很少购买模式。节目模式这个东西，我看了就看了，看完了之后，我们可以照猫画虎。你不是说那是你的节目模式吗？好，你规定有25处相同就是盗用模式。比如说，人家设了5个环节，你也设了5个环节；人家说我有两位嘉宾，你这儿也有两位嘉宾；我第一个要答题，你第一个也要答题。好，OK，找够了25处，这个数字我记得不是很清楚，找够这些就可以说你是盗版了。别急，这是在国外。对不起，我们是有特色的国家，我们是怎么办的呢？只要找到25处不同的就行了。比如说，你的节目背景是黑色的，我这儿是红色的；你的舞美设计是这样的，你用了一个椅子，而我用的是凳子；你用的是男嘉宾，而我用的是女嘉宾……这就足够了，所以我们会很廉价地使用这种模式。但是现在这种情况好多了，我们好歹也是世界第二大经济体了，也不能总这么“丢人”呀，我们电视也有不少的广告，虽说现在经济不那么宽裕，但能引进还是引进吧，最后就引进了好些模式。

张庆龙：《中国好声音》引进了国外的模式，花了很多钱。做了两季之后，花销也挺大的，得想办法回收吧？这个版权就可以再往外卖。卖给谁呢？隔壁有一家单位，也是我的老东家，叫搜狐，就卖给他了。搜狐宣称花了1个亿买《中国好声音》的版权。当然，我一直觉得这个行为不愚蠢，他花了1个亿买了版权之后挣了两个多亿。《还珠格格》是搜狐花了3000万买的吧，也挣了很多。这就是土豪，土豪赚钱更容易。

张庆龙：大家看，我为什么把《全能星战》这个节目放在这儿呢？可能大家都没听说过，但是创造中国电视历史的其实是它，第一个把节目模式卖出国门了。到底是卖给泰国还是哪个国家我记不住了，反正是卖出去了。这样又可以通过版权出售这一块，开发出来很多收益。节目版权和模式在国外是很受认可的，卖一个版权，需要制作人员飞过来、飞过去做现场辅导，这是很大一笔钱。当然，我们偷偷学也行，节目都能看，看完了学也无所谓，但是这对知识和创意就太不尊重了，建议从业的兄弟姐妹们还是不要这么干。

电视台与市场公司同是造星命运不同，从艺人身上未赚到钱

张庆龙：还有一个方式就是产业链的开发了。造星，这个原来是央视最在行的，比如说上一个春晚你就火了，这是造星。造完星以后为我所用，我下次再采访你的时候，因为你受了我的恩惠，叫你来就得来了。像湖南卫视，2005年的“超女”造就了一批明星。湖南卫视逐渐取代央视，造就了一批一批的草根明星。大家看看当年“超女”比赛的照片，看看当年的造型设计。现在我们又有一批新造出来的明星，就是《中国好声音》造出来的明星。所以这一块儿也是跟着时代在发展的，从洗剪吹到高大上，走了一个过程。

张庆龙：大家不要小瞧艺人经济，很赚钱的。如果你要给一个大明星当经纪人，那恭喜你，你有可能成为一个公司的老总，你有可能赚很多钱。某个一线明星，公司每个月从他身上抽取的收入可能会达到500万，你们信吗？所以，公司要尽量把艺人掌握在手里，比如吴莫愁，你说霸王条款也好，反正最后都得签到公司。签到人家那儿以后，你就得听人家的了。这一块儿的开发，央视就没有这么强，央视造出来的明星跟央视一分钱关系都没有。人家说《星光大道》是一个平台，阿宝、李玉刚、凤凰传奇、玖月奇迹，还有那俩大叔组合叫啥来着？

蒋超：旭日阳刚。

张庆龙：对，旭日阳刚，你看这娱乐圈的就是懂。他们都是央视造出来的明星，但是央视没有跟他们签约，好像怕他们跟自己沾上边会影响自己的声誉，央视确实没有从他们身上收到一分钱的回报。因为体制不一样，人家有公司，就签约成了公司的人，公司就得给人家钱，为人家安排活动。我为什么说造星是一块，然后艺人经济是一块，艺人经济是很专业的，造出来的星你要知道怎么给人家捧红。《中国好声音》的公司就很专业，从“好声音”走出来的学员，公司会给他们设计，这些人要接什么广告，跟谁对接，这些都是有设计的。不可能说我成大明星了，我自己想接什么广告就接什么广告。比如我想接一个“接地气”的广告，接一个好多县级电视台播过的广告，说我20来年没治好的病来这儿治好了，那肯定是不行的。要接就得接百事可乐、可口可乐这种国际大品牌的广告，宁可不赚钱放在这儿，也不能让明星接乱七八糟的广告。明星接了广告，好，你以为他就发财了吗？不，70%被公司抽走了。当然，这个具体的分成比例每家不一样，但肯定不是艺人拿大头。这一块对于公司来说其实是很赚钱的。

张庆龙：然后还有一种，就是“走出去”。我不知道有多少人知道，《中国好声音》在全国一百个城市举行了百城百场演唱会。刚好在北京的这个总导演和统筹都是我特别好的朋友，给我打电话问我要不要票，我问都谁来，告诉我说肯定这些人都去。我说行啊，留点。结果到最后这票我也没拿到手，被兄弟无情地忽悠了。《中国好声音》是成批量地签约学员，无论是大咖还是潜力股，可能进了导师队伍的人都要被签掉。公司签掉这些人怎么办？这些人不能就闲在这儿，闲在这儿这些人就不产生价值。讲着讲着，我好像就讲到万恶的资本主义了。

张庆龙：这些人的价值是怎么产生的？百城巡演就解决这个问题了。中国移动用2个亿冠名这个演唱会，每一场一定出现两个大咖，然后搭配五个小明星就行了。一场200万就轻松赚到了，100场两个亿，我没算错吧？我不是学数学和经济学的。所以，这一块等于说既养活了自己的艺人，又提升了这些艺人的知名度。就算是像我这样没有任何名气的人，放到那么大一个舞台上，五棵松那么大的一个舞台，两万多人，让我连唱100场，估计我也成名了，至少混得脸熟了，总有人记住。所以，这块就是让艺人再升值。这样，整个节目的开发就非常深入，从节目到节目的下游产业，再到节目衍生的产品，都产生了价值。央视也有开发，《谢天谢地你来啦》，不知道有谁看过没有？

观众：看过。

张庆龙：还行，放在晚上十点半，总比在晚上十一点半要好些。《谢天谢地你来啦》栏目组组织了一个活动，跟全国剧院联盟联合，到剧场里边去组织演出，这也是一个尝试。泱泱大台能做这个尝试，就比困在原处的思路要领先，是一个进步。

电视节目放大到文化概念，一个节目可以建一个文化城

张庆龙：大家以为开发到这儿应该就挺好了吧，已经差不多挺全了？不，还有呢，那就是节目衍生产品。比如说我的PPT上列出的这款游戏，这不是电视衍生出来的产品，它是基于《大话西游》开发的一款游戏产品，它的背景是《大话西游》这部电影，是他们研发出来的一个创意游戏。我觉得很可惜的是

《梦幻西游》这个产品为什么不是被《大话西游》的团队做出来的？如果他们当初就想到要开发一个游戏，把这些剧情都串联上，那赚钱的就是这个团队了。现在网易用了电影的剧情，比如说用了至尊宝这个角色，在游戏里要做很多任务，这些任务的设计、任务的环节完全是基于《大话西游》的剧情的，但是网易却不用掏一分钱。如果这个是《大话西游》的制作方、是这个电影的投资公司做出的这么一个游戏，那是很赚钱的。

观众：这算侵权吗？

张庆龙：没有，人家又没说你那东西都一样，我就用一个名字，这肯定不会存在法律问题。你也没注册，而且这么长时间了，有问题早就打官司了。具体法律问题，下期沙龙我们请法律专家来解读。

张庆龙：国外的新闻节目，已经开始进入全媒体时代了，我们现在叫全媒体互动。比如说做一个节目，举一个很简单的例子，做天气预报。那就可以开发一个手机软件放到手机上，每天最准时、最准确的天气预报就在这儿了。这其实是很有前途的，如果能在手机应用市场上占领导地位的话，像央视要是推出一个视频软件，能有很好的用户体验，那绝对是赚钱的事。我觉得不存在技术问题，就是理念有一点儿问题，用户体验通常都会做得很差。所以这一块儿央视也赚不到钱。

张庆龙：最后我想说的就是，整个电视节目其实不应该把它只当作一个电视节目来做，它应该做的是一种文化输出，是一种大文化的概念。大文化就是大家看到的迪士尼的模式。迪士尼现在在全球的经营可能没有以前那么风光，所以我们也不想去尝试做这些。做这么大的一个文化概念，需要雄厚的资金基础，但是如果不做，也要尽量把节目所有的价值发掘到最大，也就是应该把基于节目最核心的、历年来产生的所有产品放到一起，甚至辐射到一个实体上来。比如说一个健康类的节目，可不可以做一个健康城？再比如，我们在城市里边，可以做一个旅游项目。比如国外的BBC也好，NBC也好，几乎大的电视台都会做电视台旅游，像工业旅游一样，你在这儿可以体验当新闻主播的感觉。如果做一个健康城，在这儿既可以体验节目是怎么录制的，又可以感受一下健康生活，比如我到这儿来测一下血压，这个都可以有。时间马上到了，我的演讲也完了，谢谢大家。

电视节目植入广告不能伤“身”，《龙门镖局》成正面典型

主持人徐金琪：好，谢谢。太牛了，你是第一位直接20分钟到点就讲完的，让主持人很省力。

张庆龙：主要我怕大家坐得太累。

主持人徐金琪：好，真的，大家也确实很累，很感谢。你看这位美女，你讲完她才走的。我不知道是你把她讲走的，还是她捧完你场才走的。现在到互动环节，大家有没有谁提问题？好，这位美女。

观众提问：我想问一下，您刚刚讲的那些活动里，《爸爸去哪儿》这个节目，如果以您专业的角度来看，这个节目跟他们去的那些地点有什么关系？因为这些地点……

张庆龙：我明白你的意思，你问节目跟地点有什么联系？比如我今天去湖南某地，是不是这个地方可能投钱了，对吧？

观众提问：因为他们去了那些地方之后，那些地方都火了。我想知道那些地方跟节目制作方有什么样的关系？

张庆龙：一定有关系，这个关系可以是强关系，也可以弱关系。我只是以我的经验判断，我确实没有跟这个团队接触过。第一，这些地方一定是适合拍摄的地方，这是节目最基本的要求，如果不适合拍摄的话，他们也不会到那儿去。第二，这些地方会给节目提供一些便利条件，这是一种变相的赞助。比如说节目组要到九寨沟去拍摄，肯定是觉得九寨沟适合拍这个节目。但是呢，九寨沟一定要给我免费，假如我作为制作方去跟他们谈的时候，一定要能免掉的都让他免掉。住宿费要给我免了，然后我需要50辆车负责接送，你能不能给我提供？这些都是有合作的，一定是有联系的，但是我相信这个节目第一季不会目的性如此之强。说选定这个地方，你得给我钱我才到这个地方去，那不会的，因为还没有做出名气来。再举一个例子，央视以前有一个很著名的节目叫《同一首歌》，《同一首歌》去过的城市，我不敢说每一个城市都花了很大的价钱，但一定都付出了很大的代价。好，谢谢。

主持人徐金琪：好，帅哥你来说。

观众提问：您好，我想问一个问题，一个专业角度的问题，就是内容和广告之间是一个什么样的关系？我这个问题是基于一个背景，我们现在的工作室进行了大量数据研究。

张庆龙：您这是一个软广啊！（观众笑）

主持人徐金琪：继续。

观众提问：我们工作室进行了大量的数据分析和样本调查，然后得出这么一个结论，2013年最受欢迎的电视剧之一，也是大家认为广告最好看的一部电视剧，叫《龙门镖局》。

张庆龙：对，植入特别多，赤裸裸的。

观众提问：那么《龙门镖局》在咱们国家开创了一个广告服务于内容的先河，我们认为它的广告很好地服务了内容，我想了解一下，您对这个广告和内容之间的转换关系，或者相辅相成的关系，您是怎么看的？

张庆龙：好，谢谢。我一直觉得广告是节目的衣食父母。我们做电视节目的，真不是为了丰富广大群众的业余生活，我们真的是为了赚钱。但是想赚到钱，就得讨好广告商，广告商看什么？广告商就看诸位有没有享受到丰富的业余生活。如果诸位喜欢了，广告商就喜欢了，如果“爹妈”都喜欢了，你说我们做“孩子”的能不喜欢吗？但是，如果植入内容引起了诸位的反感，比如说我植入的广告，赤裸裸地在这儿打了一个“多角度沙龙”（指着上衣），那我相信所有人都会反感得很。如果你们反感了，广告商就反感了，如果广告商反感了，他们就不会来投我的节目。所以我觉得，您刚才说做数据分析，我也是做收视分析的，也是一个数据分析，我的经验是：尽信书不如无书。咱自己想想，看《龙门镖局》的时候会不会觉得反感？如果觉得不反感，那这个就是很好的广告植入。广告和内容不存在必然的排斥关系，这个东西是人为的感觉，让人反感的是广告做得太低端恶劣了。每一年的“超级碗”（Super Bowl，美国国家橄榄球联盟）的广告，那都是大片呀，没有任何一个人觉得“超级碗”的广告不好看，观众每一年都在追捧，像看大片一样地看。如果我们有一天能够做到像迪士尼那样，能够做到像“超级碗”那样，我们就赢了。

主持人徐金琪：好，谢谢，掌声。还有提问的吗？

观众提问：我想问一下，您刚才最后说，中国的很多娱乐节目也好，还有其他节目也好，都没有形成最后的文化产业的沉淀，像迪士尼乐园那样。您有没

有大概分析一下原因，是中国电视制作人的意识问题，还是我们在某些方面的能力问题？

主持人徐金琪：都忙着挣钱了。

张庆龙：这个问题还真是特别难回答，我虽然提出了这个问题，但我不一定解释得了，这个解释不一定能让你满意。我自己一想就扯远了。为什么我们没有？不说我们的节目没有形成文化输出，我想问的是我们的节目有价值吗？如果有价值，才能形成文化价值。我们连价值观都没有，怎么能谈得上文化输出呢？如果经过50年，我们自己找到了信仰，自己找到了价值，我们做的节目有了灵魂，我们的文化才能传播。为什么《西游记》《红楼梦》这些经典电视剧流传了那么多年还能传得下来？这中间不是说总结几段中心思想就行了。电视节目也是一样，不是我们总结几个模式就行了，荷兰人研究的模式我们几乎全都见过，中国现在是全世界见过电视模式最多的国家，但是我们为什么比不上人家？

张庆龙：多讲一点儿。我们做节目的模式是这样的，第一我先想这个节目。比如刚才这位兄弟说的，他做过数据研究，我们做节目也要先做数据研究，发现某一个元素是高收视元素，我们再来做这个东西。这一块儿唱歌好，那我们就用唱歌。平安唱得比别人好，那我们就用平安，这是我们做节目的模式。我们的理念和价值观远远落后于人家。荷兰是全世界节目模式研究最发达的国家，荷兰和英国都是。荷兰做节目的第一理念是什么呢？先有一个什么样的社会问题，比如今天大家聚到这儿，那大家有求知的需求。有了这样的社会心理之后，OK，我再考虑用什么样的模式把它做出来，用什么样的形式来表现这种心理。央视有一档节目叫《开讲啦》，它的研发过程就是这样。

04 创业的故事：幸福逆袭法则

【内容概要】

人生最重要的是什么？当我们向着终点一路狂奔的时候，常常忘记了起点在哪里，忘记了我们为什么要做这样的事情。从本心出发，心怀向上的力量，吸引力法则会让跟你抱有同样追求的人汇聚在你的身边。只做不完美的自己，不做社会的平均值。也许这样的过程充满艰辛，也许这样的过程会很漫长，但坚持初心，幸福终将会逆袭。

【多角度讲师介绍】

成甲：北京京都风景生态旅游规划设计院常务副院长，以创业为幸福的实践者。最早的创业经历从大学时期开始，从饰品店、校园门户网到迪士尼少儿英语培训都是他的选择。研究生毕业后开始正式创业，曾经的两人公司三个月没有业务，曾经把15元规划成一个月的伙食花销，曾经与黑社会门里门外……曾经已经成为曾经，现在的他和公司的二十多个小伙伴们“幸福地生活在一起”。

【分享开始】

主持人徐金琪：我先问一下在座的各位，认识成甲老师的有几个？（多名观众举手）不错呀，谢谢，粉丝这么多。成甲老师呢，是我的老师，他在“第九课堂”开了三次课我都参加过。第三次课之后我问他，你希望第四次课我也来吗？他没有吱声，我却还想去第四次。为什么呢？我看他的课件每次都在变换，从来都是不一样的。他干过特别多的工作，参加“第九课堂”的同学们是不是也有这个认识？

观众：是。

主持人徐金琪：是吧，喜欢成甲老师的给点儿掌声，我们听听有多少？这么热烈，那么我们掌声欢迎成甲老师。

年轻人创业问题多，面对年龄大的员工一天无话

成甲：谢谢大家。在一年前，2012年9月16号的时候，我第一次面向公众讲课，分享时间管理的课程。当时我是第一次开课，整个课堂都坐满了。大家想想我那时候的心情，应该是非常愉悦的。小年轻在讲课，下面一帮人听。但是，如果你是当时情景下的我，就不会这样看了。当时的我面临的情况是什么？我在创业，公司有很多问题要去解决，我的公司最开始成立的时候是这样子的。

成甲：这张照片是我第一个公司刚装修完的时候大家在一起的合影，这位是我的合伙人，左边第一个站着的是我。有两个员工当时还是在校的学生来实习，照片上第三个人是我们从楼下拉过来（凑数）的，因为我觉得人太少，拍得不好看。创业的时候，就我和我的合伙人是正式员工，这是我们公司的第一张照片，保留至今。那时候我要面临的首要问题是：没有人。我就俩人，我要创业，我有想法，我要去做，但我该怎么办？所以我要解决的第一个问题是什么？招人。招人去哪里，大家应该知道吧？

成甲：问题的关键是我没钱，我没钱去“智联招聘”招人。我去一问，人家一年2600块钱，还是最低档位的服务。我当时拿不出2600块钱去招人。有人说“58同城”好，所以当时我就在“58同城”上招。

主持人徐金琪：网站服务太贴心了。

成甲：我去那里招聘是因为“58同城”和“赶集网”是免费的，你可以免费在上面发招聘广告。但是你知道吗？我招来的第一个平面设计人员，她的简历上面画着自己牵着一只小兔子。这样的简历也能够被录用，没办法！四年后的今

天看，我反而觉得这是一件很有意思的事情。

主持人徐金琪：她现在还在吗？

成甲：现在还在，她现在是我们的一个核心成员，做得非常非常好。所以，“屌丝”也有逆袭的机会。但问题是，我们当时面临的不仅仅是招聘这一个问题，那时公司刚成立，我刚从学校毕业转型成为一个创业者，新公司还有一帮学生在实习。我有时候不知道该怎么样去定位自己，我不知道自己应该怎样跟他们聊。然后，我招了一个1972年出生的员工，我是1984年出生的，我每天一进屋，就担心这位1972年的能不能服我。有一段时间是什么样的状况呢，我进了公司以后，大家互问早安，然后就坐下来，一整天就安安静静，公司里没有人说话。我一站起来，他说：“哎哟，上厕所？”我说：“是，上厕所。”然后就又沉默了。那种状态是特别特别不好的状态，就是没有办法去跟大家沟通。

成甲：到了开会的时候，大家一个小组四个人坐下来开会，没有人说话，得一个一个点名发言。大家有没有经历过类似的情景？如果团队需要说话，但是没有人主动去说的时候，这其实是存在很大的问题的。所以，当时的我压力特别大。我在思考：我是一个很勤奋的人，我早晨5点多起床，然后准备一天的工作。我去和甲方聊，去谈客户，去管理项目。我和项目成员说项目方案怎么做比较好，这么简单的事为什么交给你就做不好呢？当时存在太多太多的问题。我就开始思考，我为什么要创业？最初创业是想要过这样的生活吗？我走到今天这一步，以后到底要怎么做？那时候网上流行一篇文章，叫《给明天依然年轻的我们》，不知道有没有人读过这篇文章？在这篇文章中，提到了“怎么去找到我们想做的事”。

成甲：你要的是什么？文章中提出了四个步骤，我头一次看到有人提出这样的步骤，让你去寻找自己的梦想和自己的想法。文章中列的步骤是这样的，第一步，拿出一张纸和一支笔；第二步，写下一句话：你为什么要活着；第三步，回答这个问题，把闪现的第一个想法写下来；第四步，继续写出一百条理由，直到你写到哭，直到你写到感动，直到你发现内心的那个点触动到自己。我当时就静静地拿出一支笔然后去写，我写完之后得出一个结论，我的人生为什么要活着呢？是为了聊天。我发现自己特别喜欢和别人聊天，我当时闪到了自己，完了，我要跟徐大哥换职位了，他的工作主要就是聊天。

靠自荐挤进北大青年圈子，用热情的飞镖打通不同圈子

成甲：喜欢聊天，我为什么会把它选作一个想法？我不知道有没有人和我有类似的感受，就是聊完天之后那种特别畅快的感觉，非常非常开心。我不知道聊天能够对我的未来产生什么样的影响，我怎么能赚钱，难道是陪人聊天，一小时10块钱这样的经营模式？但是有一点我相信，这是一个大的方向。那时候，为了实现人生的逆转，我就努力去做第一件事：找人聊天。所以，那时候我自己成立了一个社团，叫知行社。我成立知行社的目的就是为了和不同行业、不同领域的人去分享观点，去聊我们在面对什么，我们在接触什么。

成甲：我这样一个小伙子去这样聊天，和大多数有热情、充满梦想的人一样，一开始也是做了一个沙龙活动，最终它垮掉了。在它存在的一年多时间当中，我接触了形形色色的人。最少的时候就两个人在聊天，但是给我特别大的帮助。有一次，我和一个北大的朋友聊天，聊出了很多新的观点，但那不是重点，重点是他跟我说，你做这些事我觉得很好，北大有一个小圈子，叫"青年精英商业联合汇"。我就上网查，找到了这个网站。因为要推荐注册，我不认识他们中的人，但网站上面有个管理员的联系方式，我就给他发邮件，把我过去的经验、创业的经历、能给这个组织带来什么样的帮助等都写给他。

成甲：四天之后，我收到了回复，管理员给我一个账号，可以登录到网站上面去。我登录到网站，发现跟所有人都不认识，又不知道该怎么办。非常幸运的是，过了半个月左右，这个网站上公布了一条消息：在南锣鼓巷的一个酒吧里有一个沙龙活动。我看了以后决定去参加。那天活动是在周末的下午两点钟，我一点半就到了。我在门口徘徊，走过来，走过去，1点55分都没有进去。我在想，要不然回去算了，人家都没有人认识我。但是后来我想，如果不迈进去这一步，可能什么都不会改变，如果我迈进去了，可能就

有变化。

成甲：所以，我鼓起勇气走进了那间屋子。走进屋子里的时候，当时里面的场景是有的人在打台球、有的人在扔飞镖。当我径直走进去的时候，大家都停下来开始看我，那个拿飞镖的问我是干吗的，我说我是在网站上注册的，我来参加咱们的活动，咱们什么时候开始呀？说着我拿起飞镖去扔。飞镖一下子就扎到了标盘的——外面。

成甲：这是很尴尬的一个场景，但是他说OK，好，欢迎你。从那个时候开始，我和这个组织中的成员就开始慢慢地熟悉，慢慢地了解。也是从那时候开始，我的圈子开始扩大了。别人做自我介绍，都是一些名牌企业。他们问我是做什么行业的，我说我也是做咨询的！我们公司确实是做咨询的，给政府、旅游企业做咨询。我暗地里想：其实我的企业只有6个员工，其中两个还是实习生，如果这也算公司的话。但是，当我和大家接触久了，大家慢慢地觉得，成甲这个人还是蛮不错的，有想法。我用自己的热情，不断地去传播自己的热情和价值观，传播对这个世界的认识和了解，在这个过程中，我反而把自己的圈子扩大了，把不同圈子的关系打通了。

成甲：我一直在寻找我聊天的动因是什么。这时候我发现，其实很重要的一点是，我特别喜欢看到聊天之后别人能从中有所收获，那一刻我自己的虚荣心得到了满足。聊完天后，有时大家会说：成甲你帮了我很多。不管真帮假帮，他这么一说的时候，我的虚荣心就被满足了。所以说，什么叫谦虚使人进步，在我看来，虚荣心是人类进步的阶梯，你的虚荣心越大，你就越想去让自己做得更好。所以，虚荣心能够让自己做得很大，只是不要让它太过头，要时刻明白自己在哪里。

成甲：就在进入这个圈子之后，我认识了另一个圈子，兰溪沙龙。大家听说过吗？一个女性沙龙。我在兰溪沙龙讲完之后，一个朋友说：你讲的对我启发真的很大。然后她跟我说：成甲，我在你身上看到一点，我发现你非常有激发别人潜能的地方。你去跟别人聊天，你特别能够让别人感受到自己的热情和能量。

成甲：当时，她说的话就像一道闪电一样触动到我，当然，也可能是因为她长得很漂亮。（观众笑）但很重要的是，我这才发现自己为什么喜欢说话聊天：是因为我特别希望能够传递正能量，希望能够去激发别人的潜能，希望能够在这个过程中分享彼此成长的感受和乐趣，我觉得这是一件特别美好的事情。当你喜欢做一件事情的时候，别人是没有办法超过你的。因为在别人把一件事情当成工作和压力去完成的时候，你却在结束之后想：下次我又有前进的动力了，这二者之间的差别特别大。所以，当我慢慢发现自己为什么喜欢这样、为什么这么去做的时候，我觉得应当努力地、主动地、积极地朝这个方向去做，我应该不断地发掘和发现，尽自己的可能去推动自己喜欢做的事和梦想做的事。而在这个过程中，就有很多“吸引力法则”起作用的故事。当你喜欢做一件事的时候，你就会吸引到很多志同道合的人。

从愿意与你同行者身上吸取能量，被认同能做得很精彩

成甲：我这个人比较热心，经常会张罗帮忙的事。我有个朋友，那天给我

打电话说，有一个人在哥伦比亚大学读研究生二年级时决定退学，回到中国创业，成立了一个“第九课堂”，徐小平给他投资。有人听过“第九课堂”吗？当时“第九课堂”刚刚起步，需要找上课的场地，而我又经常参加和组织活动。当时他在找场地的时候，在微博上发了一条消息，我就主动给他留言，说我在哪几个地方可能有场地介绍给你。那天下午，“第九课堂”创始人马源就过来跟我聊场地的事情。那个下午，我们两个聊了三个多小时，聊完后，马源跟我说：本来是来弄场地的，你跟我聊这么多，我觉得你比我找到的大部分讲师都讲得要好，你来我们“第九课堂”开课吧。

成甲：那个时候，我的公司刚刚成立一年多，我还有很多问题要去解决，我刚刚发现自己在哪些方面感兴趣，哪些方面比较擅长，但是期望向哪些方面做事情，我还没有找到。可我至少找到了一点，那就是我喜欢和人分享，去传播正能量。因此，后来我把我在工作中学到的时间管理、知识管理的很多东西都拿出来和大家分享。这是我第一次在“第九课堂”开设知识管理课程的照片，大家有没有看到一个比较眼熟的人？是徐金琪大哥。紧接着我又开了一期，大家有没有在同样的位置发现一个比较熟悉的人？还是徐大哥。

观众：是原始照片吗？

成甲：是原始照片，没有处理过的，徐大哥一直选在那个位置。

主持人徐金琪：还有一期，第三期呢？

成甲：有第三期的照片，因为我照得不太好看，就删了。（观众笑）我开玩笑的。你看当时的徐大哥，在“第九课堂”上他讲什么？讲多角度。那个时候就在讲多角度思维，所以这是我的课堂，徐老师去“砸场”，砸得非常好。所以一下课我们俩就合影。

观众：在一起，在一起。

成甲：哈哈，在一起。我发现一个问题，徐老师每次都是抿着嘴，我每次都是张着嘴。后来“第九课堂”成立了一个“第九学院”，把一批优秀老师放到一起去专门开一个课程。当时“第九课堂”和讲师有分成，如果课程的评分能够达到8.9分以上，就算优秀，有额外的奖励。大多数情况下，如果老师讲得好，8.9、9.0，上到9.1就是很高的分数。我的第三次知识管理课程讲完的时候，有35个人听，评分打下来是9.95分，打出了“第九课堂”史上的最高评分。我当时那种虚荣心很被满足啊。但是另一方面，你真心地去为别人付出，真心地去考虑如何能够让大家从你的分享中得到收获，将心比心，大家都能够给你回报。在这个过程中，我发现非常重要的一点，那就是人的幸福感从哪里来。人的幸福感往往不是用金钱去买来的，虽然金钱在你贫穷的时候帮你很多，但更多的时候，你的幸福感在很大程度上来自于你有良好的人际关系。当有很多人支持你的时候，你就会觉得特别有力量。

成甲：什么样的关系是良好的支持关系，什么样的人会让你觉得开心？一定是认可你梦想、支持你梦想、愿意和你一起同行的人，他会让你感到有无限的力量，会让你感到特别特别幸福。在这个之后，我就慢慢地小有名气了，然后开始跟各种不同领域的人打交道。

成甲：大家看这张照片，这个人有人认识吧，李长太，他半年时间减肥减了47斤。这是永锡老师，中国台湾的幸福行动家。这个是高地清风，认识吗？战拖会会长，他一直说：成甲，你这张照片选得我太难看了，实在不好，所以我选了一张他好看我难看的。还有赵周老师，如果大家喜欢读书的话，我推荐他的书，写得非常好。还有这个星辰海的真人图书馆，有人去参加过吗？你会发现，这些人和活动都很有意思，但你有没有觉得奇怪？我当时只是一个六人小公司的创业者，我是做生态旅游规划的，为什么会出现在这些地方，为什么会和不同行业、形形色色的人成为朋友，一起在做事，这不是一件很奇怪的事情吗？

成甲：你没有必要让所有的人认同你，你只需要与认同你的人同行，就能做得非常精彩。很多人觉得，成甲你很怪，为什么会做这些事情？没有为什么，只是喜欢，只是心底有这样的热情。美国的《汽车》杂志有100万的订阅用户，不是《汽车》杂志它开发了、发现了100万的订阅用户，而是它吸引了100万本来就喜欢汽车的人。在这个圈子里，这些本来就乐于分享、乐于传递正能量的人，自然而然就会聚集在一起。所以，在这个成长的过程中，我发现幸福来自于什么？幸福来自于丰富的人际关系！（观众笑，PPT图片：成甲与众多女生合影）

观众提问：成老师，打断您一下。

成甲：这个不计时啊。（演讲时间快到了）

观众提问：您是长期有这么多女性朋友并保持的吗？

成甲：没有，有且只有一个。（观众笑）所以呢，我的演讲结束。没有，开玩笑，稍微延迟一下。（询问主持人）

主持人徐金琪：好，没问题。

成甲：稍微延迟一下。所以，2009年“第九课堂”给我颁发了一个“年度high哥奖”，鼓励我传播正能量。在这个过程中，我一直在思考，为什么我会走到今天这样子。其实最开始我只是有一个梦想和想法，只是去做自己喜欢的事情，然后慢慢地，在这个过程中，去了北大这样的组织，今天这个网站已经不能访问了，那帮人已经成长起来了，去了不同的领域，这个圈子没有时间再去做了，但是它曾经是我一个非常重要的平台。在这个过程中，我结识了很多新的朋友，第九课堂，兰溪沙龙，在第九课堂开课时我认识了徐金琪大哥，才能来到今天的多角度沙龙。

主持人徐金琪：是呢。

成甲：后来，多贝、沪江网、印象笔记也邀请我去讲课，清华大学出版社、北京邮电大学出版社邀请我写书。在三年前，我不敢想象我的生活会是这个样子的，在两年前，我也没有想到有人会邀请我写书，在一年前，我第一天给大家讲课的时候，我更没有想到未来会是这样子的。我只是在做自己想做的事情而已。如果回到当初，我想上多角度沙龙来讲课，或者多贝网邀请我讲课，我会怎么做？我可能会去尝试，我要看别人怎么样写出一本书，我要看多贝网的老师怎么样讲课？我可能会忘了从内心出发，而往往只看到外围表象这一个层面。我们往往是把终点当成起点，而忘记了真正的起点要从内心开始。我想说的是，幸福并不来自于你追求或者实现了某一个东西之后产生的那种感受，而是你要一直带着的、要一直保持着的幸福感。追求你想做的事情并充满热情地前行，就会慢慢走到你想去的地方。虽然你不知道它在哪里，但是追随你的心，它会带着你去。这个时候，我还要去面对和解决的问题就是：我在创业。

小公司拿下北京国际合作项目：寻找初心，做不完美的自己

成甲：我不是一个职业的讲师，我是一个在创业过程中的创业者，我必须要对我的团队负责。在这个过程中，我慢慢地思考清楚了一个问题，其实我做的那些事情和我创业一样。过去在创业的时候，我这样看待我的创业：我是一个创业者，我要负责市场开拓和产品开发，我要招聘培训，要找客户合作，我还有开会、谈判等工作要做。我觉得自己必须学会时间管理、知识管理，必须做很多很多的工作才能让一个企业成长起来。这是一个企业家应该去做的，或者说创业之所以难，就难在这些地方。我当时一直是这样认为的。但是大家有没有发现，这其实是错误的？因为你仍然把终点当成了起点，你直接去寻找那个终点，而忘记了自己为什么要出发。

成甲：所以，有了上面那段经历以后，我开始重新审视我的公司，重新审视我为什么要创业，重新审视我当时那些热情和梦想在哪里，为什么走到今

天，为什么会陷入到里面去而忘掉了起点。有时候，我们走得太远，会忘记了自己为什么要出发。所以，我当时去做的一件事情，就是和团队的成员进行一次深度坦诚的会谈。大家坐到一起聊，聊我为什么要创业，聊公司现在的困难，聊我期望公司成为什么样子，聊我们应当去哪里，我们最后那个终点是什么样子的，让我们一起来建立一种共识。

成甲：这时候我再去看别人，一个是王石，一个是马云，我发现自己被限制住了。有一天我在想，同样是王石，同样是马云，他们同样被称为企业家，也同样被称为创业者，但他们每天的工作和生活差别特别大。他们每天在办公时，两个人可能做着内容完全不一样的事情，但大家都把他们视为创业者。我突然发现了一点，原来我一直被蒙蔽了，我被创业者或者企业家的标签所蒙蔽了。企业家应该做什么？你的工作职责是什么？创业者应该承担什么样的责任？这些都是作为社会统计的意义，统计一下大多数创业者应该做什么任务，然后取一个平均值。但是，当你成为这个平均值的时候，你就不会精彩，你在做和别人完全一样的事实，你拼死努力去做一个社会的平均值，那有什么意义？

成甲：所以，从那个时候开始，我重新审视自己，我不怕自己不完美，我不怕自己有缺陷，我也不看别的公司是怎么样的，我只要回到事情本来的样子，我想要做什么，我应该去哪里。因此，我重新看我公司的团队，作为一个创业者，我的梦想为什么存在，我们要去哪里，要做什么？现在这些工作都是实现我们梦想的副产品，我们往这条路上走，它应该发生什么、应该产生什么，就让它去产生什么吧。我经常和团队的成员分享，小的进步靠努力，大的进步靠观念的革新，靠我们看世界方式的改变，也就是心智模式的提升。当我改变了自己，重新审视什么是创业，审视如何去追随自己内心的梦想，以及那种听起来让别人觉得很扯的从聊天开始一步一步发现自己内心声音的时候，世界就变得不一样了。

成甲：所以，从那时候开始，我们团队的气氛越来越好，我跟公司成员们一起分享我们想要实现的愿景和期望。这张照片是我们公司在2012年年会的时候，大家站在一起，为过去一年的努力所取得的成就而骄傲，我们一起做了很多以前看来不可能、但现在觉得非常骄傲的事情，那就是2013年度，北京市园林局

全年唯一一个国际合作项目，中国和韩国在八达岭长城的森林体验馆的设计项目交给了我们。

成甲：我们一个刚刚成立，从两个人开始，从“58同城”招聘员工的公司，走到今天，八达岭、贺兰山等都成为我们的客户，颐和园、陶然亭也在和我们进行业务合作的沟通，这一切就在短短的两年时间内发生。我们只是在向自己想要去的地方前行，我们在国内做了很多开创性的工作，只是因为我们觉得应该去做。过去我们的想法是：甲方有什么需求，我们如何去满足甲方的需求。现在这一点仍然重要，但是更重要的是，我们要告诉他，我们应当去哪里，我们如何对接期望，产生了很多超出他期望的精彩。所以，我们做了很多个国内第一的项目。慢慢地，媒体开始关注我们，《凤凰周刊》《人民政协报》《广州日报》《北京晚报》等开始报道我们，报道我们在这个行业内做的一些不一样的工作。其实有些时候我觉得很有趣，我的朋友来问我，你是怎样找到媒体的关系来给你报道的？我说我没有去找，当你做你自己想做的事情时，他们自然就会找过来。

成甲：我至今还记得自己第一次讲课的情景。我去讲课，时间管理那节课讲完的时候，我特别虚脱，我为第一次讲课准备了半个月的时间，头一天晚上准备到凌晨三点多，第二天去跟大家分享。我要准备应对课程中可能发生的各种问题：从接线板到一张白纸和签字笔，再到便签，我把所有能想到的物品都放在一个行李箱里。那天原本两个半小时的分享，我讲了五个半小时大家都不愿意走。讲完课之后，所有人慢慢地散去，我一个人拖着行李箱站在地铁站，看着地铁从身边呼啸而过，人群从身边熙熙攘攘地经过，我当时在想，北京这么大一个城市，而我是那么渺小，如果自己能发挥出一点点光和热，做一点点自己喜欢的事情，是一件特别幸福的事，不再孤单。幸福从哪里来？从自己的内心深处来。

成甲：关注你的梦想，你的热情，努力不是为了别人眼中的自己。未来的你会感谢今天努力的自己，谢谢大家。

企业文化是员工对价值观的认同，不要为潜规则失去价值观

主持人徐金琪：各位，怎么样，很棒吧？他们都说徐金琪，有人管他叫徐大哥，都说是好为人师的一个人。好为人师的徐大哥的老师很棒吧？给点儿掌声吧。刚才我很紧张的一刻就是，他翻出我们的合影放在那儿，两个男人站在一起，而且还定格了好久，底下人一喊“在一起”，我就心潮澎湃啊。我是不是你背后那个很难得的男人？

成甲：一直是。

主持人徐金琪：一直是啊！那这样吧，咱们就多在一起一会儿。你帮我个忙，今天我们之前说了一个活动，最早关注多角度微博的前三名朋友要给一本书。你帮我发这书好吗？

成甲：好。

主持人徐金琪：就这三本。第一个叫作读书频道，哪位？是你吗？好，谢谢你，给你掌声。

观众：谢谢。

主持人徐金琪：第二位是叫，您应该知道，谢文宇（音），他写了个英文名字。

成甲：老师，您说。

观众：FIONACUIY。

主持人徐金琪：真难为死我了。颜颜（音），是谁？谢谢这三位。你们是最早三个加成我们粉丝的人，其实后面有很多，我们没有制作很多好礼品给大家，不好意思。那么下面到5分钟的互动时间了，大家提问题，第一个，哪位提问题？好，后面那位女士。

观众提问：我一直特别喜欢一句话，就是你要做到不可替代，要与众不同。我看到您刚才的PPT上也给我们展示了你们成为很多的第一。我想问一下，您觉得这一路走来，辛苦吗？还是说因为梦想的支持，您会觉得这一路都很幸福，这是第一个问题。第二个问题就是，我不知道您读大学或者研究生的时候，有办过社团吗？之后又成了一个企业的领导者、一个创业者这样的身份，您怎样看待整个团队的建设，怎样把一群人的心灵聚在一起？

主持人徐金琪：好，谢谢。

成甲：谢谢，这两个问题都非常好。关于第一个问题是辛苦不辛苦，身体上的辛苦一定是有的，而且有时候要加班去冲刺。前一段时间，我们在做四川一个为全国做示范的生态旅游规划项目的时候，整个团队连着半个月，几乎每天都是凌晨一两点休息，第二天一大早起来继续工作。当你去做自己喜欢的事情时，身体会很累，但是你的精神斗志会非常旺。没有人能强迫你去做一夜工作，第二天还能斗志昂扬，没有人能逼着你，只有当你跟随自己梦想的时候才能做到。所以，我经常跟我的团队说，你说辛苦不辛苦，一定辛苦。为什么？什么是创业？创业就是你钱不如别人，品牌不如别人，环境不如别人的时候，你还和别人拼，还要拼过别人。你不拼你的战斗力，你不拼全力以赴，你不拼辛苦，你怎么可能赢得过别人？所以一定是辛苦。但是你知道自己为什么这么做，你追随自己内心的那种热情，会让你一直看到自己在朝着向往的地方走，那种东西才是真正强大的力量，所以这是第一。

成甲：第二个问题关于团队。说到从过往走到今天，说过去做社团也好，过去做学生会主席也好，对团队的建设有没有帮助？有。帮助在哪里？在你看待不同的事和不同的人时，会多了很多宽容。在凝聚团队方面给我帮助最大的，我觉得要做到几点，第一是坦诚，把所有的成员当作人来看，我们常常不把别人当作人，比如他是做美工的，他是做主持的，他是做技术开发的。技术的给我做技术图，美工的给我做美工，我们常常把别人当作一个符号，当作

一个工具，而忘了别人是和我们一样的人，是和我们一样有血有肉有需求的人。坦诚是把别人当作人的第一步，也是最基本的，把你的需求和别人的需求放在一样重要的位置，这是第一步。第二步要做的是让大家知道自己、认同自己要去哪里，价值观特别重要。“戴尔”和“苹果”都曾经做过世界上最大、市值最高的公司。但是假如你在“苹果”，可能你是很牛的人，一放到“戴尔”就什么都不是。不是这个人坏了，这个人变了，而是大家是否认同一样的事。你刚才说如何将人心凝聚在一起，其实就是一句话，众志成城，万众一心。万众一心是什么？就是所有的人认同同样的道理。什么是公司文化，什么是价值观？文化就是你这里做的和别人不一样，但这里的每个人都以此为骄傲，这才是文化。

主持人徐金琪：好，谢谢。下一位提问，你来吧。

观众提问：能用一句话简单概括一下你的时间管理概念吗？

成甲：高效率，慢生活。

主持人徐金琪：好。

观众：谢谢，刚才听成甲老师的分享，我想起一个电影《中国合伙人》，感觉您和那几位主创人员非常像。我记得那个年代应该是十一届三中全会，当时孟晓骏经常说到的一个词是改变。我不知道对成甲老师来说，您觉得最能够体现您这个企业，或者您这个经历的词语是什么？另外一个问题就是，我刚才听您讲，可能经常跟政府部门，特别是林业部门打交道，那您是否会经常碰到一些潜规则？

主持人徐金琪：潜规则有没有？

成甲：潜不到我身上，开玩笑的。说整个公司的一个变化，其实创业三年，到今天我们也就20个人。在这么小的一个团队中，创始人是什么样的态度，如何去做事，对团队有着很大的影响。再往后说，公司越大，可能创始人的影响就越小。但这三年中，如果让我对公司总结的话，我认为最重要的一点改变就是：接受。

成甲：在这个过程当中，我过去有很多骄傲，很多不接受，认为自己应当做得很好，或者别人应该做得更好。当一个问题反复发生、重复发生的时候，那个问题往往是出在你自己身上。就像刚开始，头一年创业的时候，我特别爱抱怨，抱怨我为什么弄不到项目，为什么招不到人？如果我有钱的话，就会招到更牛的人，我的人都是从“58同城”招来的，所以才导致我现在存在很多很多的问题。那个时候，我会把所有的原因都放在外部。其实如果问题不断发生的话，那么这个问题必然是出在我自己的身上，我只有重新审视自己，重新坦诚地去面对。假如这个世界的规则就已经是这样了，外部的条件就是这样，你不能改变，就只能改变你自己。这个游戏就是这样，你要去冲关，打过最后一关，只能是你的话，你会怎么办?

成甲：所以，刚才有人问，从“58同城”招来的那个人怎么样，她后来成为我们团队中非常非常核心的成员。有一次她要去美国，出国之前要去体检，在安排体检的那一天，她和我请了假，我说OK，没问题。请假去体检期间，她自己拿着方案和图纸，一边排队等待一边画，排了4个小时的队，画了4个小时图。在打车回来的路上，她让老公拿着一半，她自己拿着一半继续修改。在下午下班之前，她赶回了公司，把方案改完了，其他人很惊讶。当时我不在公司，同事在，回来跟我说这件事。我后来问她为什么，你已经跟我请假了。她说没有为什么，我觉得这是我们团队的事情，如果我能往前走一点儿，我们这个项目就能做得更好一点儿。我最开始确实认为这是因为我招不到好的人，所以才不得不招了她，但金子就在那里，只是你没有发现而已。这是我特别深的感受。接受，接受自己的不完美，承认自己的不完美，然后去面对它。

成甲：关于潜规则的问题，可能是因为我的经验比较少，另外公司成立的时间也比较短，没有。我们的项目到现在都几乎没有做过招投标的，都是委托项目。这是因为我们做了很多之前没有人做的工作，都是客户主动找过来的。到现在没有一个项目是我去求别人的，都是我们做了很多事情，别人主动找过来了。但是你说的情况，我不知道未来会不会有。我所能够去左右的，是我们的团队如何去面对这些问题，我们应该提前去知晓，有所为有所不为。有些事情不是你的，就不是你的。一个团队最珍贵的是价值观，如果你为此丧失了自己的价值观，换取一些金钱的利益，你就忘记了自己为什么出发。

幸福源自内心，睡在天桥底下不一定比住高楼大厦悲惨

主持人徐金琪：好，谢谢。这样，我想最后的问题，有几位最早来的老大哥，还有一位我认识的小兄弟，就给他吧，他是成甲老师的粉丝。这个环节，你作为一个男人是不是得互动一下？你看他整天被女人包围着，难道你不眼红吗？你说一下吧。

观众提问：你突然要我说些什么？我该说什么呢？

主持人徐金琪：说实话，他是提前一个多小时到了，那个事说说。

观众提问：我必须得说，我提前半天到了。我中午12点就来了，当然也是为了占一个好位子，能够更好地听成甲老师讲。其实我就是想来学习的，还真没有想提问的。

主持人徐金琪：提一个问题吧，要不然怎么学？

观众提问：提一个问题，我发现你的工作很多，你也说过你只爱一个女人。我们刚才也听到了情感问题。那么我想问的就是，在你的工作和生活之间，我听到的很多都是关于你的工作的，但是一个人要过得很完美，他要过的一定不仅仅是工作，更重要的还是生活，因为生活只有你自己。你是怎样平衡你的工作和生活的？

主持人徐金琪：这问题挺有意思的。

成甲：刚才也有人在问，怎么样用一句话去概括你的时间管理。生活

是什么？什么样的生活是好的生活，有答案吗？你喜欢的生活就是好的生活，你和与你一起生活的人互相理解、支持，并共同憧憬的生活就是好生活。睡到天桥底下的生活，一定比睡在高楼大厦里的生活要悲惨吗？生活怎么样真的不取决于你在哪里，你做些什么。我想说的是，可能我跟大家一起分享，大家觉得我是在工作，比如出去讲课，出去参加活动，可我从来没有认为和大家坐在这里交流、在多角度沙龙分享，这样的聊天是工作，我认为这就是我的生活。

观众提问：不好意思，你是怎么处理你和爱人的关系的？

成甲：刚才的赵老师，心理学的赵老师说，她最感激的是她的男朋友一直以她为骄傲，并支持她。我也特别感谢我的爱人，她为我的工作做出了很多的牺牲和付出，我今天在这里要用的20分钟的PPT，是我从昨天一整天到今天一白天都在准备的，所有的家务活我都没有干。今天我岳母要来住我家里，我媳妇为了让我岳母对我有一个好印象，她自己把家里所有的东西都打扫完了，等我岳母来的时候我媳妇却说是我收拾的。

主持人徐金琪：好，太好了。向岳母问好啊。

成甲：我媳妇今天没有来，她非常忿忿，因为她看到之前沙龙上对我的介绍，说我没有娶到白富美。

主持人徐金琪：我们有失误，是吧，我觉得你娶到白富美了。

成甲：开玩笑的。确实两个人的理解和支持是特别重要的。所以选到那个对的人，只需要有一个对的人，就可以。

主持人徐金琪：好，谢谢成甲老师。这样，我们四位嘉宾老师都上场吧，跟各位谢个幕。各位，今天跟上次不一样，每个人都有不同的主题，不知道大家有没有什么收获。不管有什么想法，都可以通过我们的微博告诉我们，也希望你能够走上这个舞台，分享你的知识。你们还有什么问题呢，不要紧，我刚才说了，最后的环节是粉丝们扑向嘉宾，你们喜欢谁就跟谁交流吧。好，今天的沙龙到此结束，谢谢各位。还有谢谢邓黎啸，他负责计时。

第三期

01　《我爱我家》的台前幕后事

02　关于改变与选择的智慧

03　登堂入室：开启明星的灵魂之旅

04　自媒体的土豪争夺战：个人品牌营销之路

分享主题介绍

本书以每一期沙龙实录为一个章节。本期沙龙由徐金琪主持，邀请四位嘉宾来分享《我爱我家》、选择的智慧、与明星交往、自媒体营销这四个不同的主题。

01 《我爱我家》的台前幕后事

郑猛：20年前的《我爱我家》不仅是一部电视情景喜剧，也是中国一个时代的浓缩。对这部喜剧的剖析，也是对那个时代研究的一个切口。这部被很多人认为是无法超越的经典之作背后，有很多当时没有被人注意到的故事。有了这些故事，也就有了那个时代有血有肉的人。

02 关于改变与选择的智慧

黄有璨：如何应对职场是一门学问，遵从天性而不对抗能够释放自己的能量。职场ABZ法则有助于天性的释放，在A工作的基础上培育B机会，用Z空间来带给自己安全感。我们都希望在职场无往不利、一帆风顺，但是真正的智慧是在选择改变中赢得主动。

03 登堂入室：开启明星的灵魂之旅

蒋超：家是人在物理上最私密的禁地，心是人在思想上最难攻克的堡垒。登堂入室与明星近距离接触，不仅需要技巧，更需要用引发共鸣的灵魂去碰撞开启他们的心灵之门。从与明星的交往中发现与人相交的共性，学会诚意，才是最大的技巧。

04 自媒体的土豪争夺战：个人品牌营销之路

孙庆磊：傍“土豪”是一种营销的快捷方式，“土豪”可以是名人，也可以是一个事件、一个机会。只要掌握了营销的方法，普通人也能够轻松利用自己身边的“土豪”，借力打力地完成自己品牌的塑造。

开场白

主持人徐金琪：我们多角度沙龙今天来了很多老朋友，我也不多介绍了。在我们第一次沙龙的时候建了一个微博，微博上写的签名就是“谨以此沙龙献给不死的理想基因，谨以此沙龙献给疲惫的英雄梦想”。这一年不知道大家过得是轻松还是疲惫。不管怎么样，今天是冬至，咱们在一起过节，过一个激情四射的节日。好，谢谢各位老伙伴们和小伙伴们。因为有我的高中同学在现场，这真是让我觉得很尴尬，但是也感觉挺好，他们能看到我更真实的一面。我就不多说了，常来的朋友都了解我们这些环节。今天第一个环节是简单介绍一下“706空间”。你看，又有摁门铃的人来了，他们在不断闯入我们的空间。

主持人徐金琪：接下来我们简单介绍一下多角度沙龙，之后就是四位嘉宾的演讲。演讲每个人是20分钟，之后有5分钟的互动，由大家提问，第一个提出问题的人给一本图书。这些书是我花钱买来送给大家的，所以希望大家踊跃提问。等四位嘉宾都讲完了，最后一个环节是什么？粉丝扑向嘉宾。其实这个环节很重要，你们喜欢谁就奔向谁去跟他聊，你们合作也好，去交流感情也好，都无所谓。这样，我们先请706的小伙伴，今天沙龙的唯一一个美女彭慧给大家讲讲706的事，好吗？掌声欢迎她。

彭慧：我想问一下，有多少人是第一次来到706的？谢谢。

主持人徐金琪：每次都这么多。

彭慧：所以我瞬间就觉得这个介绍没有必要了。我简单地说一下706到底是一个什么地方。706是以实体空间存在的一个多元化的平台，在这个平台上承载着什么东西？这个平台承载的可能是一场学术的讨论、一个公开课，可能是一个众多青年分享创意的平台、一个沙龙、一个松散的“一千零一夜”，或者是一个特别有社会责任感和社会担当的公益分享。所有，你在生活中能想到的可能性都会在706这个平台上得到呈现。我们每周三到周日都会有一系列的活动，您会从我们706的活动当中感受到这样一个空间存在的意义，以及它给您的生活带来的色彩，甚至可能是改变。谢谢，我就说到这里，谢谢大家。

主持人徐金琪：好，谢谢美女。我看是给你的大学生活添加了更多的可能。其实我觉得，706空间来的更多人不是学生，很多是上了班的白领或者其他的人。大家都到这里来，听很多专家的讲座，自己搞很多沙龙，寻找生活的N种可能。一切皆有可能，在这里你确实能得到你想要的东西。现在后面又来了很多朋友，你们只能找个地方站着了，确实没有座了。这位美女，介绍一下你叫什么名字？

王健：王健，健康的健。

主持人徐金琪：给王健掌声，她负责我们的音响，实际上音响出问题找的就是她，不是主持人徐金琪能左右的。然后主管我们计时的，给嘉宾计时的，给我们互动环节计时的是Tony Chou。大家看一眼，很多人喜欢他，是吗？很多人特别喜欢他，我也很喜欢他。他是一个著名的英文脱口秀演员，现在中文说的也不错了。自从上了多角度沙龙以后，他就登上了《三联生活周刊》，这好像不是我的原因，本来他就采访在先，他是我们一个很棒的好朋友。然后大家也可以跟他交流，有一个朋友跟我说，你们第一次沙龙那么火爆，那么爆棚，是不是大多数人都是奔着Tony Chou来的？我说好吧，可能是吧。

观众：不是，因为有Wi-Fi。

主持人徐金琪：有Wi-Fi，对，我们这个沙龙是有Wi-Fi的。我这边接着主持。这样吧，我们多角度沙龙做了一个小视频，让大家了解一下，第一次和第二次没来过的人可以看看我们多角度沙龙以前的一些视频，好吗？好，我们来看一下视频，多角度就是让你换个角度看世界。

（视频播放）

主持人徐金琪：看这里有没有你？这里有我，这是张庆龙，今天要返场的李恕萱老师，Tony Chou。视频给我不少镜头，赵嘉路《男欢女爱背后的故事》，孙庆磊先生很帅吧？张庆龙解析的《爸爸去哪儿》，后来被两个高校的人请去搞讲座。多角度沙龙确实影响力很大，这是真的。坚持了一种梦想，多角度沙龙，换个角度看世界。谢谢各位。

01 《我爱我家》的台前幕后事

【内容概要】

20年前的《我爱我家》不仅是一部电视情景喜剧，也是中国一个时代的浓缩。对这部喜剧的剖析，也是对那个时代研究的一个切口。这部被很多人认为是无法超越的经典之作背后，有很多当时没有被人注意到的故事。有了这些故事，也就有了那个时代有血有肉的人。

【多角度讲师介绍】

郑猛，网名郑捕头。这个捕头不抓人，还很爱笑，一切笑的艺术他都爱。他是相声爱好者、喜剧爱好者，还是经典情景喜剧《我爱我家》的研究者。他说自己有时不正经，有时假正经。如果你也想让生活充满欢乐，不妨听听一个《财经》杂志的经济记者从《我爱我家》里发现了什么。

【分享开始】

主持人徐金琪：好，我介绍一下，好多人是很新的朋友。对早到的朋友我每人发一张名片，真的挺感谢你们，晚上6点半就到这里了，所以非常感谢，发完名片我们做个朋友。后来的朋友可能不认识我，我是中央电视台“社会与法”频道的记者，我姓徐，叫徐金琪，是这个沙龙的组织者与主持人。希望所有人走上这个舞台展现自己。我们有一个良好的互动，认识大家特别高兴，我先给大家鞠一躬。多角度沙龙刚才介绍完了，我刚才反复说第一位嘉宾是讲《我爱我家》的人，今天好多人也是喜欢《我爱我家》的，我甚至认为，我的高中同学他们来这儿也是奔着《我爱我家》来的，“70后”的人对《我爱我家》更有感觉。我不知道现在有多少人看过《我爱我家》，我要说《我爱我家》成就一个喜剧经典，你们认可吗？

观众：认可。

主持人徐金琪：不认可的举手？还没有超越呢，《武林外传》不行吗？

观众：不行。

主持人徐金琪：Tony Chou呢？好吧，我相信Tony Chou会超越的，那是在美好的未来。我有一个好朋友也是讲脱口秀的，叫瞿艽，他是一名记者，《我爱我家》的讲座他一定来捧场，结果他刚才给我发短信说他7点半才能到，我不知道7点半郑猛的演讲是不是已经结束了。

观众：原来你拖延是在等他。

主持人徐金琪：我们多角度沙龙一拖延就为等他？你看多角度沙龙培养了多少奇葩，都是我的小伙伴，我的好朋友。好吧，我们不浪费时间了，先放第一位嘉宾《财经》杂志的记者郑猛的资料，我们看一下，好吗？

（播放郑猛的介绍视频）

主持人徐金琪：好，谢谢。再放一段《我爱我家》，我们把一些经典的片段剪出来让大家了解一下。

（播放《我爱我家》片段）

主持人徐金琪：那时候宋丹丹多年轻！20年了，《我爱我家》，我们给它掌声吧。今天我看一个片段，梁宏达说《我爱我家》，他痛惜梁左，说梁左走了之后再没有人能超越这部经典了。英达说自己好像在退步，其实一直是在进步，只是没有更好的本子。如果再有梁左的本子，他说还能超越这个经典。我不知道是不是这样子，《我爱我家》如何成为一个难以超越的经典？我们有请郑猛先生上场。

张国荣原有可能客串《我爱我家》，因宋丹丹不在场无法拍摄留遗憾

郑猛：谢谢徐老师。我不知道为什么让我第一个讲，其实我本人没有什么公开演讲的经验，也讲不太好。我想如果安排我最后一个讲，估计听过前三个之后，好多人都要走了，所以安排我第一个讲。为什么让我来讲呢？其实应该让剧组人员来讲，哪怕是一个小配角也好，起码是参与过的人来讲《我爱我家》。可为什么是我呢？因为在今年（2013年），也是一个机缘巧合的机会，从4月份开始，我利用大概两三个月的时间，基本上把能采访到的台前幕后的人都采访到了。我当时想的是写一本书，

最后写到的东西从体量上也不少，但是书没有成型。最后我把稿子发给《读库》的老六（张立宪）老师，他说《读库》也可以发这样的文章，他说拿来我看一看。我让他一看，他觉得挺好，就发表在最新一期《读库》（1306期）的开篇。当然，这不是全部，还有其他的内容。我今天讲的其中一部分是这里面的内容，还有一部分没有发表出来，但是我觉得也挺有意思的，想给大家分享一下，讲得不好各位请多担待。

郑猛：先说这张照片，这个挺有意思。以前我一直认为，是他们几个主演直接坐在沙发上照了一张照片，当我见到《我爱我家》的摄像师王小京老师后，他给我看了一张更大的照片，我们看到的这张只是一个截图，这边其实还有一部分。能看出来这个沙发非常小，赵明明和关凌两个人都是坐在沙发背上，他们的腿只能伸展在外面。

郑猛：讲一下最早的人物设计。最早的时候，和平并不是儿媳妇，志国也不是大儿子。在梁左进入之前，按照最早的设计，和平是贾家的大女儿，叫贾和平。当时还觉得挺有意思，就叫贾和平，真战争。贾志国当时不叫志国，他叫吴运堂，是从南方来的，倒插门到贾家的。英壮和英达在那儿写，梁左没有加入，他们越写越觉得别扭，因为他们没有在南方生活过，找不到这种感觉。

郑猛：梁左加入进来以后，他也感觉别扭，就把他自己家的情况移植了一下。其实梁左在他们家本身就是大哥，接下来是梁天，再下面是梁欢。他就按照这种形式，等于是套用在了《我爱我家》里。贾家的志国、志新，还有小凡，就是这样的顺序。

郑猛：这张照片是外景地。照片应该是我5月份在国务院宿舍照的，就是北京西便门附近。当时还挺有意思，正好有一个老大爷走出来，我说您知不知道这儿当年拍过《我爱我家》？他说，我就住在“老傅”家的房子里。我们大概聊了一会儿，当时什么情况他都知道。

郑猛：当时为什么要有一个外景地呢？按说，《我爱我家》整个片子基本上都是在摄影棚里完成的，但是还是要做一些点缀用的画面，要有一些外景。当时给老傅的定位是国家机关高级干部，应该是给定的司局级，住在比较高级的楼里。摄像师王小京负责选外景，当时他选的就是他家附近。他当时住在西便门附近，就找了附近的铁道部，还有财政部，还包括国务院宿舍。他找了一遍，最后把照片给英达，英达一看，这个国务院宿舍比较符合。国务院宿舍这个小区应该是在上世纪五六十年代，按照周总理的要求，给一些民主人士盖的楼，在当时已经是很好的格局和建筑了，但现在也很古老了，因为年代比较久远。其他的镜头还能看到复兴门，当时复兴门那条街能看到的车非常非常少。当时王小京住在这附近，他从他家门口直接往外拍摄，拍到了复兴门的街景。现在这里早就车水马龙了，不太可能出现当年那种空旷的景象。

郑猛：张国荣本来是有可能出演《我爱我家》的，多年来观众也有很多的猜测。大概5月份，我们到了英达老师家，聊了3个多小时，还在他们家吃了饭。当时这个问题我们非常早就问到了，他也是第一次向外界这么仔细地披露。张国荣当时确实是非常有可能到场的。英达跟他合作了《霸王别姬》，英达在里面演那坤，张国荣演程蝶衣，当时关系也不错。英达有想法拍《我爱我家》，就跟张国荣说有一集能不能串个场，张国荣非常痛快就答应了。不知道为什么，就在他们安排要拍这一集的时候，就联系不上张国荣了，非常蹊跷。按说联系不到也没有问题，联系上还可能再拍。关键是当天晚上宋丹丹要去河北拍广告，第二天不一定能回来，第三天也不一定能回来。英达的原话说，“也是给我们家挣钱，你去就去吧”。当时他们还是一家人，就让她去了，当时甚至还想，如果能联系到张国荣，她还能赶回来。

郑猛：宋丹丹走了之后，那天英达也没什么事，就剩他自己，他就溜溜达达，想碰碰运气，去东四十条的保利大厦看一个活动。那是什么活动呢？当时他知道一个事，有一个叫英皇金融杯的歌手大赛，张国荣、郭富城他们都是评委。他就说我去看看，万一他们在呢。结果他去一看，张国荣真在现场，就坐在评委席上。他直接过去拍了一下张国荣的肩膀，说我们的戏怎么着，明天能不能拍？张国荣说能。这下坏事了，没有宋丹丹，她赶不过来。那会儿交通没现在这么发达，英达就问后天行不行，张国荣说后天不行，后天就得走了，结果就没拍成。

郑猛：现在想来，按咱们的设想，可以想尽各种办法来补救。但是不管怎么说，确实是没拍成，甚至张国荣提出来说要不补几个镜头？那也不行，因为宋丹丹是里面非常重要的一个角色。圆圆逃学，她要扇圆圆一巴掌，所以说她不可能不出现。结果当天英达就没有什么收获。不过，其实还有一个小收获，就是那次歌手大赛获奖的第一名叫戴娆，英达就这样认识了戴娆。戴娆后来唱了《我爱我家》前40集的片尾曲《你是我记忆中忘不了的温存》。当年大概就是这么一个情况，确实是挺遗憾的。

郑猛：还有一点，就是圆圆。小关凌当时才11岁，其实她当时根本就不认识张国荣，更不像圆圆那样崇拜他，她说她当时更熟悉小虎队。

“八喜”植入广告“不给钱”，关凌被窝里放满冰琪琳

郑猛：老傅这个角色，咱们知道这个角色是文兴宇老师演的，这些年有人传最早是想找英若诚来演的。我问了一下英达老师，他说没有。最早想找的人其实是朱旭老师，就是人艺的老戏骨。当时给他念的剧本，宋丹丹说一定要找一集最逗的念，当时《不速之客》这一集的剧本已经出来了，他们就给朱旭老师来念。当时朱旭老师也觉得挺有意思，但是机缘巧合，后来还是没有演成。当时朱旭老师演了一个电影叫《心香》，就没有演这个。

郑猛：英若诚老师为什么不可能演呢？因为当时他跟国外已经说好，那两年会出演一个电影《小活佛》，那片子里还有基努里维斯。由于当时要拍这个电影，

所以英若诚老师没有出演，直到后80集才演了另外一个人老胡。当时是英若诚老师跟英达说，如果朱旭不演，我可以给你推荐一个人，就是文兴宇。文老师当时赋闲在家，英若诚老师一说，英达就去找文兴宇老师出演这个角色了。后来证明这是相当成功的，文老师应该是“老来红”。文老师年轻的时候没红，他上学学的就是表演，但是为什么没有红呢？这都是英壮说的，英壮特别能聊，他说年轻那会儿，文老师首先肯定是想演正面角色的，但正面角色都是高大全的，身形、形象得好，但是文老师的牙比较大，剧组里都叫他文大牙，他形象不佳，所以正面角色演不了。文老师说，那我演反面角色吧。反面角色你也演不了，为什么？因为反面角色不应该像你这么高，除非你是在那儿趴着。所以文老师一直就是好人演不了，坏人也演不了，一直就这样拖延下来了。后来文兴宇老师就转行做导演了，在《爱你没商量》这部电视剧里，他还算是一个表演指导，客串了一个小角色。

郑猛：接下来就涉及到后80集了。梁天、沈畅和赵明明，这三个人后80集基本看不到他们了。梁天演的志新，沈畅演的保姆小张，赵明明演的小凡。他们为什么要离开？重点说一下梁天，因为人们都觉得特别可惜，他前40集的戏可以说是非常出彩。

郑猛：当时是1993年底，拍完了前40集，还没有想好接下来拍不拍，什么时候拍。就在这个过程中，应该是1994年初，梁天就跟好朋友葛优和谢园开了一家公司，结果这边开拍后80集的消息告诉他之后，他就没有那么充足的时间来演出了。后来补了一些集，其实他在后80集估计演了都不到10集，比较可惜。沈畅也比较可惜，沈畅其实是个小童星，她小时候演了好多儿童影视剧，是比较有名的小童星。她有这些成绩就被南开大学特招了，前40集她是利用上大学之前的暑假时间拍的，但是后80集她就没有这样的时间了，她必须要上学。当时英达还劝她，你看我上大学在北大念心理系，不照样来搞这个。她说，我毕竟没有上，所以我还是想去上学。其实，后来的事实证明，沈畅又回到演艺圈了。现在沈畅跟着徐克做一些制片什么的，有一个片子叫《圣诞玫瑰》，沈畅是策划之一。

郑猛：赵明明为什么离开？赵明明这个角色也是后来加进去的，她的戏不多，也不太出彩。再一个，对于她个人来说，她觉得自己不是千面人那种演员，

这种喜剧她不太会驾驭。因为她演的更多是青春剧那种角色，后来她回归以前那个戏路，后80集她没怎么太出现。

郑猛：张永强老师是一个非常好的人，待人非常热情，一点儿架子也没有。但是他演的小凡男朋友这个角色，我问过好多人，都觉得不太出彩，尤其是跟志新一比，跟梁天一比，不太出彩。梁天离开之后，需要贾志新这样一个角色，一个年轻的男性角色，比较赖，需要这么一个人顶替他。找一个什么样的人呢？因为小凡长得不难看，小凡的男朋友必须长得帅一点儿，但是又要很赖，所以这个角色很难找。最早这个角色找的是谁呢？最早找的是许亚军，他是非常帅的，我相信他是能演出这种感觉的。但是机缘巧合，他合同都签了，临拍之前家里出了一件不好的事，他就退出了。比较仓促，就找到了张永强。怎么说呢？就是有一点夹生，这个角色不是自然而然那么一个角色。比如说，小凡出国了，为什么家里还留下男朋友？这男朋友小凡不承认，这就比较别扭。人们就觉得他赖在这个家里，观众不太认可这个角色，这个角色就不太立得住。

郑猛：再一个是张永强他本人，张老师之前演喜剧少，有些包袱可能不是特别出彩，也是比较遗憾的。如果设想一下，一直让梁天延续下去，整部戏的精彩程度应该会更强。

郑猛：这张照片是《既然曾经爱过》那一集的，这是郭冬临，这是沈畅。郭冬临当时其实还不太胖。后来蔡明演的角色开了一个艳红咖啡馆，咖啡馆里面有一个植入广告，是梁天拉来的一个赞助，是“八喜”的植入广告。其实赞助方没有给钱，那给什么呢？就给“八喜”冰淇淋。那会儿“八喜”冰淇淋真是好东西，现在也不是差东西，当时真是特别贵，而且都是大桶的。谁吃呢？首先老傅不吃，年龄大了牙口不好。杨立新老师他们也不吃。都便宜谁了呢？基本上都给了关凌和小张，就是沈畅她们吃了。每天都会吃不少，一个是她们自己那份儿，一个是别人那份儿。

郑猛：怎么保温呢？沈畅她们当时都住在工运学院，一个礼拜拍6天，所以她们当然有房间了，冰淇淋就放在被窝里。小时候我们老家有卖冰棍的，也拿被子隔温。关凌说，一打开被窝，全是冰淇淋，就这么吃。后来明显能看到，起码在后80集里，圆圆还是比较明显地发胖了。关凌还是比较明显，包括现在她也不太瘦。沈畅在这个剧里可能不太明显，但是后来她出演了一个梁左老师导演的情景喜剧，叫作《临时家庭》，当时能看出来她胖点儿了，好东西不能玩儿命吃。

最后一集创意来自来稿，梁左活着无法超越自己

郑猛：关于最后一集的创意，首先我讲一下最后一集是什么意思，为什么我会单独列出这么一个问题。最后一集特别有意思，我第一次看的时候大概是在高中，然后就被惊到了，真的是被惊到了。一共是120集，你看到第118集了，但等你看到第119集的时候，会发现这些人其实是真实存在的，因为他们也在看电视，发现英达他们在导一个片子叫《我爱我家》。所以这是一个非常好的创意，说明咱们看的前100多集里面的人都是真实存在的，我当时觉得这个创意太好太好了，这个问题肯定要问英达。他是这样说的。

郑猛：当时他们在筛本子，在后80集的时候，梁左其实没有写那么多，梁欢他们也进入了，包括张越老师他们都进入了。但梁左没有写那么多，因为收到好多来稿，其中有一部分稿子梁左看过一遍就扔到一边了。英达说，那我看一眼，看有没有一些点子。结果他找到一个姓孙的，叫孙健敏，是他写的一个稿

子。结果看到一个小细节打动了他。本子上写的是圆圆逃学，看到一个剧组，这个剧组导演是英达。他看到这儿说，这是非常好的点子，这种戏中戏，是第二层真实，他就把这个点子利用上了。后来再拓展，就写了这个结尾。梁左当时觉得不行，按相声语言就是“皮太厚”，怕人家不乐，到最后不应该整这么复杂。事实证明，这个点子还是非常好的，而且都呈现出来了。

郑猛：还有一些创意是后来梁左加的，比如大白胖子，让他赔你美元这些也都是后来想的。好，那就讲到这。英达本来想的是第二部要超越第一部，没想到《我爱我家》第一部就无法超越了。梁左能不能写出超越《我爱我家》的剧本？刚才徐老师提到这个问题，英达说的是写不出来。为什么写不出来？如果这些年他一直还在的话，他早被掏空了，这是英达的说法。英达想把笑料全放在剧里，以剧情吸引人，并不是用叮叮咚咚的那些音乐来吸引人。这就是编剧，这其实也能看出来为什么他到现在还深受人们欢迎，他在创作上下了非常大的功夫。编剧拿的工资是演员的5倍，为什么还是走下坡路？这个比较复杂，说起来比较长，反正比较复杂。起码从现在来看，还看不出来什么时候能够再起来，我说不好。好，就到这里，谢谢大家。

主持人徐金琪：挺好挺好，其实郑猛老师这个演讲是我安排的，我们俩通电话之后我本来很担心，因为《我爱我家》大家都看过，大致认为是不可超越的一个经典。你自己写了洋洋多少万字？

郑猛：书里差不多五六万字，我手里的稿子有十一二万字。

主持人徐金琪：十一二万字，一本书的含量。我想这么一个120集的喜剧，他讲台前幕后20分钟，要讲完确实很难。但是我还是想让他分享一下这个演讲，所以不管今天讲得怎么样，我觉得讲得挺好的，大家掌声。现在这样，郑老师我跟你商量一下，原先我想这本书是送给第一个提问的人，现在咱们换个规则行不行，谁能唱《我爱我家》的主题歌就送给谁。好，这位朋友，请大家给他掌声。我当初以为我唱了，这本书我自己留下，我太喜欢“内心的平安那才永远”，好吧，就让你来唱。大家看看他忘不忘词。你知道我让你唱哪个吧？

观众：内心的平安才是永远。

郑猛：我插一句，前几天中央电视台办了一个20年的聚首，关凌当时在现场是唱了这首歌的。

主持人徐金琪：这首歌多少人喜欢？这样，你跟他一起唱，你唱得比他好这本书就给你，好吧，开始吧。

（集体演唱）

当年编剧不存在枪手，观众出点子也有可能上字幕

主持人徐金琪：咱们一起唱。好，太棒了，谢谢你，我真的想听到最后“内心的平安才是永远”。这样，5分钟的互动时间开始了，大家先来提问。现在这样，我公布一个原则，我刚有了一个想法，咱们把这6个杯子发出去，可漂亮的杯子了，而且有各种花色。这样，我们多角度沙龙就是几个好朋友在一起一说就办起来的这么一个沙龙，办起来之后也没有什么太成熟的平台，第一次办完

以后建了一个微博，第二次建了一个微信的公共账号，叫多角度沙龙，大家搜一下都能搜到，现在有好多人成为粉丝。这样，今天咱们做直播，你直播现场@多角度沙龙，一会儿前6个粉丝就送6个杯子，可以吗？这样咱们就掌声通过，然后这6个杯子就送出来了。

主持人徐金琪：《我爱我家》让我们很多人抱着怀旧的想法来到这里，想知道很多其他的事情。郑老师也在这儿，把你们最关心的问题提出来，谁第一个提问？这位观众。

观众提问：非常感谢郑老师的分享，把我们带回十几年前。

主持人徐金琪：20年前。

观众提问：对于我来说，作为“80后”，我们现在看美剧比较多，看《生活大爆炸》，看《破产姐妹》，今天听了郑老师的分享以后，突然觉得其实我们中国人自己20年前的情景喜剧就是非常棒的，而且我们很能理解当中的文化。如果说在今天还有这么棒的情景喜剧的话，我想我们很多人都不会去追美剧，这是我听分享的一个感受。我的问题是，郑老师刚才一直非常着急进入主题，没有跟我们分享为什么你选择这部剧来做研究，去采访，为什么花这么多心思采访？

主持人徐金琪：为什么选择《我爱我家》，我觉得郑老师当时他写这个文章的时候，不像是在工作，他感觉不累。无论自己颈椎怎么疼，他一直在写。我也想问，你为什么选择《我爱我家》呢？

郑猛：确实太喜欢了。我最先接触到这个剧，大概是上高一高二的时候。有一天晚上，电视上突然看到王朔两个字。因为我对王朔比较认可，我一看是有这么一个剧，当时不知道是什么，也特别纳闷。不知道这是小品，是电视剧，还是什么。但是就是能让你笑，就是觉得太可笑了。当时我上高中三年期间是写日记的，不是被别人逼着写，就是自己写。当时觉得天天写这个，天天写这个剧情，觉得太喜欢了，这么多年，还是念念不忘，一直在看，一直在听，也一直在想。包括现在我也加了一个群，都是特别喜欢这个剧的。它让我有种冲动，不怕麻烦地想去把它的台前幕后写出来，几乎是不计时间成本、人力成本的。当然还是有遗憾，有些人还是采访不到了，一个是因为人去世了，或者是这个人成为大牌采访不到。但是尽我可能，确实是知道了很多情况。更多是我自己想做这个事。

主持人徐金琪：就是发自内心地爱，就是喜欢。比如猫，我就是喜欢猫，我也不知道喜欢哪儿。第二个问题，这位朋友。

观众提问：我昨天有幸见了一个著名编剧，姓周，他说做编剧如果想出道就必须要走“枪手”这条道路，就是替出名的编剧来写东西，但不署名，只给你1/5的收入，他的收入的1/5。

主持人徐金琪：就是不署名。

观众提问：而且工资低。

主持人徐金琪：打个括号也不行吗？

观众提问：我想问，当时那个年代编剧是否也使用了“枪手”？

郑猛：应该是不存在这个问题。反正据我了解，因为我也采访到几个编剧，比如说张越老师，他就是现在央视《夜线》节目的主持人。以前很胖，现在很瘦，我还问她为什么这么瘦了。她说是累的。张越老师当时写了《我爱我家》一些集的剧本。包括内地华语片最高票房《泰囧》的编剧束焕，他在《我爱我家》里面也写了一集，我都问到过他们，不存在这个问题。包括另外一个编剧我也问了，只要是写的，甚至是提供大纲的，都有署名。因为他们后来需要很多个故事，大部分是梁欢、梁左写的，尤其是梁欢后来写了很多，都是署了名的，不存在“枪手”这一说法。但是有可能，比如我刚才说的最后两集，其实这个主意应该是叫孙建敏的人想到的，后来英达把他的人名放在另外一集，那集虽然跟他没关系，但意思也是给他署名。

郑猛：甚至我知道，比如说像现在的《今晚80后脱口秀》，他们都是有稿费的，而且稿费还不低。因为王自健那天正好主持《我爱我家》20年的聚会，其实稿费是不低的。但是现在有可能存在一些“枪手”的情况，我知道当时没有。

主持人徐金琪：好的，还有吗？还有谁提问？那位美女。

观众提问：你刚才说没有采访到现在的大腕，这个戏里面最重要的角色，是不是没有采访到宋丹丹？是因为采访了英达的原因吗？

郑猛：宋丹丹我来说一下。

主持人徐金琪：采访英达就不采访宋丹丹。

郑猛：这是个很重要的问题，宋丹丹我当时肯定是立志于采访到她的，我还问了一些媒体的朋友。其实我平时写的东西跟这个圈没关系，我问了一些文娱记者要联系方式，他们说根本打不通，说你可以试着打打，就把电话号码给我了。结果我一打就打通了，我就愣住了，因为我以为打不通。我说是宋丹丹老师吗，我认为可能是她助理。她说是啊，我现在嗓子发炎。我说我给您发一条长短信，然后就发了一条情真意切的长短信，我说我要写本书。结果她非常礼貌而坚决地说：对不起，这件事我不参与。然后我又发了一条，她又回过来说：谢谢你，我还是不参与。然后我就没再打扰她。当时没有采访到她，我现在想的是，这本书出来之后能够托人送给她一本，让她大概看看，能不能让我单独对她采访一次。

主持人徐金琪：好，谢谢。宋丹丹今天还是一个主题词，一会儿可能还要提到宋丹丹。好，谢谢郑猛老师。这样，我给你介绍一个特别铁杆的粉丝，他叫瞿芃，他就是奔您来的，但是您讲完他才来。

郑猛：谢谢。

主持人徐金琪：谢谢，给他掌声。好朋友就这样的，奔人家演讲来的，结果人家演讲完他才出现。

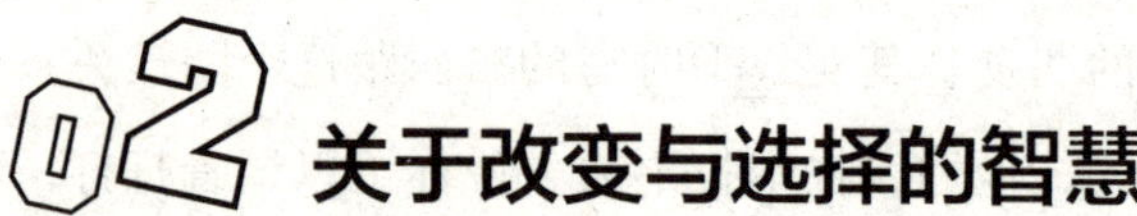

02 关于改变与选择的智慧

【内容概要】

如何应对职场是一门学问，遵从天性而不对抗能够释放自己的能量。职场ABZ法则有助于天性的释放，在A工作的基础上培育B机会，用Z空间来带给自己安全感。我们都希望在职场无往不利、一帆风顺，但是真正的智慧是在选择改变中赢得主动。

【多角度讲师介绍】

黄有璨，倡导“人人都是讲师”的“第九课堂”COO。他放弃南方的绿水青山，到北京成了呼吸雾霾的“北漂”族，他信仰社会化学习和互联网分享精神，他能在忙碌的生活中享受幸福。他有他的选择，每个选择带来不一样的改变。没有被厌倦的鸡血加励志，他有自己改变与选择的智慧。

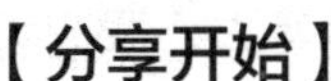

主持人徐金琪：《关于改变与选择的智慧》，有请黄有璨。黄有璨是我在这个行业的一个好兄弟，当时我觉得他们很棒。几个小孩，其实不是小孩，但在我面前是小孩，几个小兄弟当时做“第九课堂”创始人，搞一个人人都可以成为讲师的平台。对于一个特别好为人师的人来讲，我特别喜欢这个。我就想当老师，结果我当了好几届学生。之后想当老师的时候，这位创办人，这位COO辞职了。这是怎么回事？所以我们俩谈了一下，我说你想给我个交代吗？你来多角度沙龙给我所有的伙伴看看，我是怎么“上当”的，讲讲你的选择、你的智慧、你的学习和你对幸福的理解。好，掌声欢迎他。

关于人生改变的常规回答方式是正确的废话，寻找不同答案

黄有璨：好，谢谢徐哥。生命中活到现在，第一次有人给我专门做一段这么“高大上”的视频，感动得五体投地，我就差说要以身相许了，可惜这个场合不太合适。相比起郑猛老师来说，他有很多料可以报，其实我没有太多料可以报，所以我只好取了一个大家都看不太懂的标题。一般这样的标题可能就是比较没有风险，你讲到哪儿都成。

黄有璨：先自我介绍一下，我叫黄有璨，这个璨不是灿烂的灿，这名字比较特别。特别在哪呢？就是我活到现在没见到有人跟我重名。老有人遇到跟自己重名的，但是我还没有，所以我觉得它也挺特别的。我的微博叫“黄说道四”，江湖上有很多朋友叫我老黄，虽然我并不算太老。

主持人徐金琪：黄吗？

黄有璨：对！所以甭管怎么说都逃不掉这么一个字，都逃不掉这么一个黄字，包括头几年有一个。（观众笑）怎么了？

观众：黄。

黄有璨：好，谢谢捧场。头几年有一个流行词叫很黄很暴力，我想说虽然我很黄，其实我并不太暴力。继续介绍一下我自己，让大家对我有更多的了解。挑三个关键词来向大家说一下我，这样可能比较好一点。我觉得自己第一个关键词是真实，这是我很多年来一直试图在做的事情。我理解的真实包括了两个方面，第一个方面是表里如一，第二个方面是知行合一，这是我一直在努力做的事情。现在做得不太好，但是还在努力。

黄有璨：第二个关键词也是我一直在努力要做到的，它叫朋友。怎么理解呢？我一直在试图做到一件事，就是可以把所有人当作我的朋友，并且我也要尽力让所有人把我当作他们的朋友。第三个我要试图做到的事情就是助人，有一句看起来特别“高大上”的话，助一人即助全世界，我经常在微博和各种地方念，念起这句话的时候感觉特别不一样。

黄有璨：好，谢谢大家的掌声捧场。但是你知道，有时候吹牛吹多了也会带来问题，自然就招来了很多人，他们就说，那我能不能在你这儿寻求一些帮助呢？所以，我就要去回应他们。后来我发现，有很多人都会问这样一些问题，尤其是年轻的小伙伴们，比如说大学生或者刚工作的一些朋友。这些问题包括什么呢？比如说，第一，我处于一种迷茫和纠结的状态当中，我该怎么办？这种问题非常常见，我经常遇到。第二，我要不要换工作？我现在的老板如何如何，我现在的薪水怎么怎么着，然后我遇到了什么什么问题。还有，我对于现状不满意，但又不知道该不该改变，怎么办？诸如此类。总之，可以看到，我会被问到很多关于前面提到的那两个关键词，关于选择和改变这样的一些问题。我要不要改变？以及我该怎么选择？我相信很多过来人也会遇到年轻的小伙伴向他们问这样的一些问题。

黄有璨：我觉得回答这样一些问题的方式，常见的大概有这么几种，也是我之前曾经用过的一些方式。诸如此类，你要保持一个坚定的意志，还有执著的信念，你只要努力前行，总会看到阳光。我认为这些是第一种回答方式。在曾经的某一个阶段，我试图给一些年轻的朋友建议的时候，会给他们这样的回答。但是后来发现，这是一句正确的废话，大家都知道，但就是做不到。正确的废话，我发现它好像起不了什么作用，到头来就是你跟他们说完之后，他们可能会更纠结、更迷茫。你说了他们没听懂，他们不知道听完你这建议该怎么办。

黄有璨：还有另外一种回答方式，也是我觉得比较常见的。类似于某某英语培训机构，我在这里就不点名了，他们经常使用这样的一些回答方式。诸如此类，态度决定高度，高度决定了你的命运，你一定要对自己狠一点、再狠一点，因为你要的比别人多，就必须付出的比别人多。然后就要喊口号：我们要怎么样，我们要如何如何，我们要超越伟大。我经常见到这样的英语培训机构，他们会做这样的一些事情，这也是一种回答方式。这种回答方式就姑且叫它鸡血加励志吧，或者成功学这一派。这种方式不好说，我觉得因人而异，但对大部分人，我相信它长期来说是不起作用的。对绝大部分人，可能会让你在某一小段时间，比如说一两个礼拜，让你被注入一些能量，但它很难持续。

痛苦和快乐都容易适应，北京买房喜悦半年内消失

黄有璨：所以，在这两种回答方式都尝试过后，我试图找一种不太一样的回答方式，就是我的第三种回答方式。在跟大家分享我的第三种回答方式之前，要先给大家讲一个关键词，这个关键词叫适应性。有一位伟大的作家，他的名字非常拗口，我头几年经常把他的名字念错，他的名字叫陀思妥耶夫斯基，真不容易，我念对了。他说了一句话，他说人是可以适应任何东西的动物，重复一遍，人是可以适应任何东西的动物。我对这句话的理解就是适应性在人身上，你可以适应任何东西，不管是你的痛苦，还是你的喜悦，时间长了你都是可以适应的。

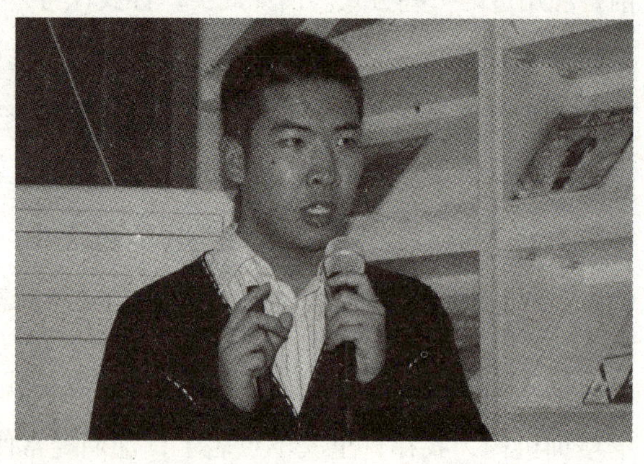

黄有璨：这么讲太抽象，我举我的一个实际例子。8年前，那时候我刚刚大学毕业，当时我住的离这儿不太远，是在颐和园旁边的一个地方，那个地名不太好听，叫骚子营。对，就是这么一个地名，当时我就住在那个地方，住在一个挺破的平房里面。一个月房租多少钱来着？当时一个月也就是三四百块钱。我图便宜，当时没钱。在那地方生活艰难到什么程度？举这么一个例子，半夜时你要是有个内急，你得起来穿上衣服，冬天时还得披上大衣，往外走上5分钟，然后还得拿着手电筒照亮，因为那个茅房里没有灯。对于大部分人来讲，住这么一个地方他都很难去想象。我最开始住进这么一个地方也很难想象，但是时间长了，当我在那里住了三个月之后，我发现其实这事对我也还成，能接受，这个痛苦对我来讲它经过一段时间之后我是能适应它的，这是说痛苦的这个层面。

黄有璨：再说喜悦的层面。同样是8年前的时候，因为住在那么一个地方，那时候我最大的梦想，或者是脑海中能看到对我最具有意义的事就是什么时候在北京买个房。那时候脑子里想的就是什么时候能买房。因为我是特“屌丝”、特平民的一个“北漂”，从贵州来到北京，就一直混混混，没有任何背景，也没有爹可拼，更没有干爹，干爹一般不是我们这种人能攀的。所以当时觉得，什么时候能在北京买上一套房，此生夫复何求？当时就那么一个感觉。

黄有璨：结果通过几年的折腾，我在2009年真就买上房了，当时特别开心，特别高兴，一个大梦想实现了，从此在北京有个窝了，有个家了。虽然说房子的位置特别偏、特别远，就算到五道口也得一个半小时，但是那也是个房子，也是个家。当时很开心。但是好景不长，买了房仅仅半年之后，我发现这种喜悦对我来说已经完全消失了。所以，人对于喜悦也是有适应性的。过了一段周期之后，你会发现，之前你的梦想，或者说一个远大的目标，当你实现它之后，一段时间之后，你对它就没有感觉了。痛苦和喜悦都一样。这是第一个要给大家分享的关键词，适应性。

黄有璨：针对改变，接下来就是一些具体的建议了。第一个建议，要去利用你的天性，而不是对抗。怎么讲呢，天性是什么？就是我们刚才讲的适应性。人都有适应性，所以，当你们要琢磨或者面临要不要改变、要不要换工作、要不要怎么着这些问题的时候，我觉得你们最好在脑子里先做一个设想，假设你们只是纯粹为了改变而去改变的话，你改变完了的那个喜悦，它可能会很快被你的适应性侵蚀掉，它会在你改变完了之后很快就没了。

黄有璨：这是一个方面，另外一个方面就是，即便你现在所处的这个环境再痛苦，只要你愿意，再熬上几个月，哪怕是很多大国企，特别官僚范儿的一些地方，你在里面熬上一段时间，也能慢慢适应。即便它很痛苦你也能适应，一定能，你不要怀疑，你只要给自己时间就一定能。所以，第一是要去利用你的天性，而非对抗。

黄有璨：第二个建议，要先看到方向再去走路。这个怎么理解？我见过好几个朋友，他们都是突然之间特别冲动，就觉得在单位里实在待不下去了，要不做点儿改变就不行了，所以就跑出来。但是跑出来的结果都是非常悲催的，有从几个月到几年不等的迷失期或者痛苦期，非常惨。

黄有璨：所以，在这里我给大家分享这么一句话，我觉得最危险的事就是旧的世界已经被摧毁，但新的世界还没有被建立起来。这个是最危险的事，人在这个时候最容易陷入到黑暗的深渊。我觉得大多数人都是在这个节点上迷失了，或者找不到自己了。旧的世界已被完全摧毁，但是新的世界毫无踪影，就是这么一个节点。所以，假设你要改变的话，我建议你要先看得到你改变之后，你奔哪去，并且这种奔哪去还不是一种试试看，要是试的话不用花巨大改变这种成本去试，我觉得这个成本代价太高，不太建议。你可以用你的业余时间去试，或者用某种方式，关于这个问题后面会讲到方法。所以第二个建议，先看得到方向再去走路。

黄有璨：第三个建议就是改变的纬度并不单一。因为刚才提到人有适应性，那你一旦在同一种状态下时间久了肯定就会麻木，这时候你肯定会想给自己的内心找一些刺激。但是我觉得，大多数人改变，首先脑子里蹦出来的念头一定是先把我的环境倒腾得天翻地覆，我先换个工作，或者我先裸辞，来一次环中国旅行，或者再猛一点儿来个环球旅行，诸如此类。但是我想说的是，其实大多数人都会忽略掉改变有两种纬度，一种纬度是向内谋求改变，另外一种纬度则是向外谋求改变。什么叫向内谋求改变？举个例子，假设我现在还是在一个地方，觉得特别憋屈，工作特别枯燥，特别没劲，那向内去谋求改变的方式，就拿工作来说，你们可以自行套用到其他的事例上，向内谋求改变，包括说可以在目前的现状上尝试新的点，可以跟老板换一种沟通方式，甚至可以试着去影响老板，等等。或者换一种不同的思维角度去看现在手中所做的这些事，这些都是可以向内谋求改变的纬度。

ABZ法则：工作中寻找机会，留给自己安全的空间

黄有璨：我刚才说的没有列举全，大家要是愿意的话可以自己回去思考，应该有很多纬度去尝试。当这些纬度你都尝试过了之后，如果你觉得还是不行，或

者都试过了还是没用，这个时候我再建议你去考虑向外改变。因为向外改变的成本非常高，我们刚才已经提到。所以这个是第三个建议，改变的纬度并不单一。

黄有璨：第四个建议，这个比较落地，第四个建议是给大家分享一个方法，这个方法叫ABZ法则。它并不是我创造的，我是在PayPal和Linkedin创始人里德·霍夫曼（Reid Hoffman）的一本书上看到的这个东西，我觉得这也算是一种互联网思维。现在互联网思维这个词很火，它也算一种互联网思维，我觉得它能被广泛运用到创业或者个人职业规划等领域。具体什么叫ABZ？ABZ是这样，他建议每个进入职场的人，大学生可以自行参考，首先你要有一份A工作，这个工作是当下你可以为之投入一些时间精力、可以从中得到一些回报的这么一份工作。我们大多数人现在正在就职的这个单位，就叫A工作。与此同时，你要广泛寻找和培育你的B机会。什么叫B机会？先说为什么要培育B机会，因为这个世界变化太快了。我前几天刚在一本书上看到，现在已经有人能够开发出自动编写程序、编写代码的软件了，你把这个东西想象到极限，将来程序员这个职业可能就会消失了，所以这个世界变化太快，你必须要去广泛寻求你的这个B机会。

黄有璨：那么该怎样去寻找和培育你的B机会？就是去培养某个兴趣爱好，或者去帮一些朋友做义工。如果你觉得参与举办活动这种事挺有趣的，可以找找徐哥，什么时候来多角度沙龙做个志愿者。

主持人徐金琪：好的，找我找我。

黄有璨：这也是一种培育的方式，你跟着徐哥张罗几次，完全有可能觉得张罗沙龙这件事挺不错，觉得在其中挺开心，又能干好，没准哪天你就能到一家公关公司办活动了，或者你自己办一个沙龙，还能挣点儿钱。

主持人徐金琪：我没挣钱。

黄有璨：这没准。然后，你懂的（观众笑）。所以，这个是B机会。拿我本人来讲，我在自己有一份工作的同时，还积极地尝试其他事情，比如我在对外进行一些分享，我还在写博客，我私下还在跟几个朋友折腾一些别的有可能的小项目，它们都是我在培育中的B机会。我觉得对一个成熟的职场人来讲，一个机会绝对不是被找到的，或者不是被想到的，它是被培育出来的。我在做的这些事，其实我也说不好，我现在觉得是做着好玩，挺有意思。但是我也不知道，到了哪天之后，它是不是就会变成我的某种职业机会呢？没准我的博客写到三年后会有出版社找我出书，或者我做两年分享讲师，将来我也能做培训师，我跟朋友折腾的那些项目没准什么时候就能跟他们一起出来创个业。所以，B机会是需要培育的，它绝对不是说你当下觉得要改变，一想就找到了，绝对不是这么一档子事。

黄有璨：最后是Z，你还要给自己一个Z空间。我稍微超点时，抱歉，就1分钟。Z空间是什么呢？简单讲，Z空间就是你应该有这么一个东西，它是能保证即便现在出现了某些情况，比如说经济危机了，或者说某些天灾人祸，你失业了或者怎么着，这个Z空间至少能保证你在未来一段时间内还能活下去，应该是这么一个东西。举个例子，比如说你们在北京有三套房，靠这三套房的租金每个月有个1万块的收入，这个东西就可能成为你的一个Z空间。又或者你现在账户上有10万块钱，假设你失业了，靠这10万块钱再活起码半年应该没什么太大问题，它也可能是你的Z空间，它让你感觉安全。Z空间是需要积累的，我建议我们所有人，尤其是大学生在踏入职场之后，要尽量去开始积累你的Z空间，并且要开始培育你的B机会。因为你们一开始不太容易直接看到将来能做什么，即便看到了也不可能变得很厉害。有可能两年之后，当时让你热血沸腾的事业已经没落了，很有可能。所以，这个是ABZ法则，今天我要分享的主题基本上就是这些。刚才也提到我本人是个特别喜欢写东西的人，刚才分享的这些内容也是我之前写的一篇博客，正好徐哥找我一聊，这篇博客的内容也许能拿来跟大家说点东西。如果你们感兴趣的话，欢迎关注我的“黄的世界”，谢谢大家。

现场遭遇连环砸场，提问者被纠正英语语法错误

主持人徐金琪：黄的世界，好黄的世界。这个很棒，这小兄弟特别棒，现在大家有没有一些问题要提。这么多人啊。你来吧。

观众提问：黄有璨先生，你好，我听你的演讲感觉收获还是挺多的。我发现你有一个思维方式跟很多人不太一样，你有很多自己的想法，我这里就想讲一个事情。英国当代的一位哲学家卡尔·波普讲过一个理论，就是“All life is Problem-solving”，大家明白这句英语的意思吗？我给大家讲“All life is Problem-solving”，all life大家都懂吧，problem用汉语不大好翻译，它的意思不仅代表一个问题，而且代表一种困境。你的人生面临各种困境，烦恼，不安，你所面临的一切，当你想做出改变的时候，你所经历的那些痛苦都可以算作problem。而且他非常注重细节，他说“All life is Problem-solving”,他注重的是solving，是什么意思？solving是进行时，是解决的进行时，也就是说，我们常人的思维方式总是设定了起点和终点，给自己设定一个目标，然后根据自己目前的条件去达到这个目标。但是卡尔·多普告诉我们，重要的不在于结果，也不在于起点，而在于这个过程。

主持人徐金琪：没错，说的特精彩，有问题吗？你的问题是什么？我发现一个没讲，把你的问题告诉我。

观众提问：他也有很多心得，我想大家在遇到困境的时候也是注重过程，在这个过程中寻找答案，我很钦佩他的一些想法。我希望你有时间可以多读读哲学，因为哲学这个东西绝对不是枯燥的，你很有天赋，你可以读这个东西。

黄有璨：谢谢你的肯定。

主持人徐金琪：你有没有问题问他？

观众：没什么。

主持人徐金琪：太棒了，给他掌声好吗？因为我觉得很棒，这种互动我也是头一次接触。尤其对我这个不懂英语的人，说了半天我真正觉得一句都没听懂，好在有个Tony Chou，他是学英语的，你上来讲讲，他曾是“新东方”的老师。

Tony Chou：你的语法里面有问题。

观众：来一个，来一个。

Tony Chou：我简单说说，Problem-solving是形容词，它的意思是人生是解决问题的过程，并不是进行时，看着像进行时而不是进行时。

主持人徐金琪：这就是传说中的砸场吗？谁砸谁的场？继续我们的环节，你想要那本书吗？

观众：可以，如果你愿意。

黄有璨：这机会给你了。

主持人徐金琪：好吧，给你了。好，下面提问的。

观众提问：我想问一下，刚才你说要利用天性而非对抗，我觉得你今天的演讲特别棒，说到我的心坎里面了。我的处境和你刚才所说的那些问题非常相像，之前的世界已经毁灭了，下一个世界还没有出现，非对抗，而是要利用自己的天性，我想问一下，是要找到适合自己的东西还是要怎么理解？

主持人徐金琪：再具体一点，怎么释放天性？

黄有璨：这个我好像解决不了。

主持人徐金琪：旁边的美女能解决吗？

黄有璨：这么说吧，我觉得很多人都会有这么一种思维习惯，特别是在给自己制定目标或者想干什么事的时候。当我没把这件事干成，第一时间想到的就是我的意志力不行，或者我失败了。但是就我个人的经验或者体会而言，我觉得有意志力的这部分人不超过3%，绝大部分人都没有意志力。比如我，我就没有意志力。所以，在这种情况下，我套用一个很小的例子，你千万别试图去想说，我怎么样通过意志力把有些事克服，或者我通过什么内在能量，我觉得那都不靠谱。比如拿早起这件事来讲，很多人都试图早起，很多人都求助于意志力，但是很多人都在这个环节上失败了。但是对于我来讲，我能把早起这件事干成的理由很简单，仅仅是我会在家里的茶几上放一杯水，起来之后就把它喝下去，喝完水之后我就不困了。而对于绝大多数人来说，早起的困难在于起来之后还会困，所以这就是我利用天性的一个例子。我觉得人类是有天性的，比如说我喝了水，可能水一凉我的困意就没了，它在某种意义上就是一种天性。但是，当人们都试图用意志力去早起的时候，我没起来就是失败了，我觉得那些人都很容易失败。当然，大性这种东西我觉得因人而异，我也不知道你具体的问题。

主持人徐金琪：是这样，你天天喝冰凉的水，胃病会出来吧，早起了胃疼了。

黄有璨：不用非是冰凉的，什么水都好使，或者你不喝水，你放块小饼干吃下去也行，吃完你保准不困。

主持人徐金琪：对。

黄有璨：所以我觉得，找到这样一些天性的点就可以。

观众：不要强逼自己去做。

黄有璨：不要拧巴，千万别拧巴。我觉得人这种动物一拧巴就难受，你要长期在一种拧巴状态当中你会疯的。

主持人徐金琪：我明天5点起床，旁边放一块排骨。好，继续。你来提问题。

要注重顺从“天性”

观众提问：我还想提一个问题，第一轮没拿到书。

主持人徐金琪：第二轮也没拿到。

观众提问：但是第二轮问题还是要提，“黄的世界”这个公众账号出来之后，我第一时间就关注了，因为我跟有璨认识可能有一年了，但是今天他把我忘了。

黄有璨：没有，是你变帅了，我没认出来。

主持人徐金琪：也可能是换衣服的原因。

观众提问：有可能，前天换了一个发型。“黄的世界”我推荐给朋友的时候，我说你看一下这个公共账号，文章写得特别棒。大家一看，名字叫“黄的世界”，就说这个不太好。（观众笑）言归正传，我有两个问题，第一个问题是关于ABZ原则的，你刚刚在分享的时候我也跟我的朋友分享，我也不是特别不靠谱的人，我一直在关注B机会，我的朋友给我的回馈说我的A工作太少了。你说Z是你的安全空间，以我的理解，安全控制过大的时候会影响你关注B机会。我的问题就是，ABZ有没有适当的比例？是在关注A多少的时候去开拓B，或者维持你的Z空间有多大？这是第一个问题。第二个问题是你其实在分享的时候还没有给徐老师一个交代，你在“第九课堂”离开的时候你的选择是什么？

主持人徐金琪：你为什么辞职？是地位问题还是男女关系？

黄有璨：这个场合不太适合八卦。

主持人徐金琪：回答问题，ABZ的比例。

黄有璨：坦白说我没有细想过这个问题，但是如果说你现在要问我，我一琢磨的话，简单讲就是你的Z这个分量可能决定你的A和B怎么分配。比如你的Z有100万，和你Z有5万这肯定是不一样的，我要是Z有100万我可能啥也不干，我放弃那个A在家折腾两年我的B也没问题。

主持人徐金琪：笑什么？折腾B有什么不对的。

黄有璨：我错了。

主持人徐金琪：辞职的原因是什么？

黄有璨：简单讲就是我们几个人的想法不太一致，很难说。

主持人徐金琪：这样，我们的苏湘讯老师想提个问题，这是著名的砸场人，苏老师。他别的环节没有举手，在您的环节举了手，您真幸运。

黄有璨：完了，我要被砸了。

观众提问：接着这个ABZ的话题继续聊下去，你觉得这个转换B在职场里面大概需要多长时间？几年的跨度？除了Z之外是否还应该有其他？如果在没有“干爹”、没有资本的情况之下，如何把A向B进行转换？

主持人徐金琪：没有“干爹”，“干妈”也行。

观众提问：没有资本。

主持人徐金琪：您说的对，您解释一下。

黄有璨：我在考虑，从A到B的转换时间，就是那个B被培育成功的转换时间，对吧？坦白说，我觉得这个没有一个标准，它是看机缘的。比如说，我现在正干着几件事，写东西或者分享、讲课，又或者跟其他人折腾点儿什么事，坦白讲这些事什么时候能变成我的事业，变成我的A，我也不知道，但是它确实需要培育。我觉得当这些事你尝试到一个什么时间节点上，也许会有人自己跑来找你。比如上个礼拜，有个出版社的编辑跟我沟通，说你这些东西有没有兴趣要出本小册子？他们会来找你的。我觉得这个培育过程就是相互影响，你在影响你的事，你的事也在影响外部世界，有人看到后他们会来找你。包括我们自己折腾的一些事，有朋友知道的话他们也会来找我们：你这事有点儿意思，我们能不能尝试一起干？但是非要说时间，我也说不好，可能一到两年，可能平均是这么一个周期。但是并不是所有的B都能够培育成A。

观众提问：时间大概多少年，就是对职场人来说，比如他的转型、充电，需要一个多久的时间段？因为你有很深厚的文字功底，擅长写作，出版社的编辑会来找你，没问题，你可以完成。但是一个新人，无论研究生也好，博士生也好，本科生也好，进入职场之后大概需要几年跨度，才能给我们这些职场新人一些帮助？

黄有璨：我说的是职场里面，不知道在场的有没有HR，职场里面有三年跳槽，还有五年跳槽，比如从技术到产品，从技术到市场，到相关的岗位，转型的话这个时间是三年还是五年，是给我们很多新入职场者的一个参考。比如徐老师在法制频道干了多少年还没有走出他的困苦。

主持人徐金琪：台长走好几任了，这CCTV真够狠的。

黄有璨：下一任就是你的。我觉得并不存在所谓的周期，不是说你一定要有多少年的积累才能够培育这个B机会。对我来讲，如果大家有兴趣的话，你们可以翻一下我的博客，我在两三年以前写东西的水平极烂，写出来的东西可能你都不太能看得懂，或者说看起来很云山雾绕，就是这么一个状态。但是我觉得，培育是什么？培育就是你觉得这些事对你来讲好玩儿、有意义，而且你在做这些事中间能不断地成长，培育的过程也是成长的过程。并不是因为我写东西写得好，我才要去写。所以我觉得，培育这件事不用非得分一个时间段，换句话来讲，我觉得即便你现在刚刚大学毕业，刚刚走入职场，有了一份工作，你也可以立即开始去尝试培育自己的B机会。它不一定到什么时候就必须要培育成熟，它只是给你一些可能性，人多一些可能性总是好的。

主持人徐金琪：亲爱的苏老师，一会儿你扑向他，最后一个环节是粉丝扑向嘉宾，你可以扑向他，砸倒为止。我们特别感谢有璨，我觉得这段时间可能你会选择新的道路，有没有方向？

黄有璨：最近这一段时间我会暂时在离这儿不远的地方做一些事情，因为那个地方是我的一个朋友做的，我暂时在那儿帮忙打打杂，自己做的事还在培育，什么时候培育成熟再跟大家见面。

主持人徐金琪：我们给黄有璨鼓励好不好？我们觉得黄有璨像一本书，从他那里我们知道了社会化学习的理念，知道了好多关于“第九课堂”的事，知道了好多我想知道的东西。我觉得他是一本书，大家要慢慢去读，在多角度沙龙20分钟说不清楚，但是如果你有兴趣点，你就扑向他跟他聊。另外，我总认为四个嘉宾总有你喜欢的，有你不喜欢的，20分钟忍忍就过去了。谢谢有璨，掌声。

黄有璨：感谢大家忍受我20分钟，也感受那位老兄，我终于能到达那个阶段了，能够读哲学。

主持人徐金琪：今天我头一次看到观众对嘉宾的指导，你读的这些书，真的很棒。中国的教育确实是，有璨这个人是有教育功能的，他在社会上行走这么多年，一直有志于教育。

登堂入室：开启明星的灵魂之旅

【内容概要】

家是人在物理上最私密的禁地，心是人在思想上最难攻克的堡垒。登堂入室与明星近距离接触，不仅要有技巧，更需要用引发共鸣的灵魂碰撞开启他们的心灵之门。从与明星的交往中发现与人相交的共性，学会诚意，才是最大的技巧。

【多角度讲师介绍】

蒋超，北京电视台《每日文娱播报》主编。坚持做“走心”的采访，让他从早期在央视做法制节目成功转型投入了娱乐圈。依靠真心投入，他能在成龙情绪低落时与其独处，能陪着宋丹丹一起感慨人生，能成为刘晓庆“最信任的媒体朋友”，能跟“老奸巨猾”的“军统天津站站长”品茗谈趣。

【分享开始】

接下来我们想娱乐一点儿，今天有好多好多娱乐事，你们知道吗，前面坐了好多演员，Tony Chou，宋大师也在那儿坐着呢，你们都认识他吧？

观众：宋启瑜。

主持人徐金琪：对，他们很俗，还有瓦特妹害羞不出来，这是我们著名的主持人支支，还有瞿芃，好，我们看看第三位娱乐的嘉宾是谁。

（播放嘉宾视频）

主持人徐金琪：《登堂入室：开启明星的灵魂之旅》，掌声欢迎。他也是我的小伙伴，长得挺帅，掌声给他。

王志文霸道表象源于对记者的怕，想隐藏自己

蒋超：谢谢大家。刚才我听了前两位老师的演讲，我觉得收获很大。我觉得我们研讨的课题很相似，和我们娱乐圈很相似，讲的都是八卦，都是平常人不知道的一些东西。黄老师刚才也聊了很多，他提到“干爹”的问题，我说我已经找到了我的“欧巴”。

主持人徐金琪：是我吧！

蒋超：他不是我“干爹”，他是我“欧巴”。刚才黄老师还提到了一个ABZ法则，我虽然一点都不懂，我也没看过哲学，但是这个东西要是对我来说，如果我有一份工作，然后我今天又找了一份，我们单位的答案就是“你走！”这是我理解的ABZ法则。

主持人徐金琪：给掌声吧。

蒋超：我做娱乐新闻行业大概做了七个年头，今天听了这么多特别有意义的声音之后我才明白，这七年我憋坏了，希望有20分钟时间能和大家聊一聊这七年在电视上不让播的东西。大家掌声激烈的话20分钟全聊不让播的。

（观众鼓掌）

蒋超：今天我们聊《开启明星的灵魂之旅》，题目里面还有几个字很厉害，叫“登堂入室”。在徐哥他们央视12频道里面说入室基本上属于盗窃，是比较危险的行业，我们入室也“盗窃”，偷的是他们的灵魂。我在电视台工作这几年，采访过很多明星，后来我有一个逆反心理，这些明星每天接受媒体采访，在我们面前光鲜亮丽，那真是他们真实的样子吗？他们在生活中真是这样的吗？他们的心中真是想那样吗？后来，我在跟他们接触的这七年时间里，有几个阶段的认识，头两年我完全觉得他们是在炒作，赤裸裸的炒作，他们捐钱是炒作，他们照顾孤寡儿童是炒作，他们捐“希望工程”是炒作，他们每次出来全都跟炒作有关。但是后来，这些东西对我来说慢慢有了一个变化，我觉得在炒作之外，该怎么样理解这些行为才能够真正还原一个明星本身的真实。

蒋超：就像我们说的，我们仰望明星，他们有的是孤独的背影。明星有的时候很孤独，我上次演讲的时候提到了王志文，王志文说他自己是一个特别害怕媒体的人，但是在我们的印象中，他是一个特别霸道、甚至有一些戏霸的人，面对媒体永远是冷言冷语。他说："其实我怕你们，我不知道你要问我什么，我不知道我这话说完之后你怎么给我写。"上次我举过这个例子，今天再陈述一下，王志文跟我说，他特别小的时候，家里没有室内厕所，他在路边解手，拿了一个便盆，太阳照着他，他就往树阴里躲，太阳一会儿又照过来，他就一直躲一直躲。后来他就问他妈妈，他说："妈妈，太阳老追着我干吗呀？想躲它都躲不了。"妈妈说："傻孩子，那是因为你躲得不够远，如果你躲得足够远的话，没有人能够伤害到你。"

蒋超：后来我就理解了王志文的那种怕，理解他的那种让我们觉得不可理喻的一些表象。所以有的时候，我们看到的只是表面，就像冰山一样，外面是坚冰，内心很大的东西其实是被淹没在水下的。很多人不了解里面的情况。

成龙小时候曾梦想当厨师，与其独处发现大哥也会累

蒋超：今天我讲的第一个人是成龙。我问大家一个问题，请问大家知道华语电影里面最能打的人是谁？

观众：李连杰。

蒋超：还有谁？

观众：甄子丹。

蒋超：还有谁？

观众：李小龙，吴京。

蒋超：还有吗？

观众：赵文卓。

蒋超：你们咋不说成龙？要不然接不下去了，太不够意思了。成龙参演了200多部影片，主演了100多部，票房200多个亿，他的动作片我是从小看到大的，一直觉得他特别能打，绝对是一个不死的神话。你们知道的他是这个样子的，他出席发布会、活动，能言善辩、能说会道，但是在现实生活中，作为明星，他的某些行为也是有苦衷的。

蒋超：他每次出行至少要带20个保镖。我觉得很惊讶，谁敢打你啊，那不是作死吗？他不允许媒体在他不知情的情况下问他问题，当你追着他的时候，20个保镖基本上就把你推到两米以外了。当你扯脖子喊一句话的时候，他已经上车走人了。我第一次采访他的时候就遇到了这种情况，我觉得大哥不是这么平易近人。后来我就有一个想法，我要了解他。第一次近距离接触他大概是在5年前，他出席一个公益活动，捐助一个失学儿童。

蒋超：这是我第一次对他产生了疑问。我觉得如果我是成龙的话，我为什么会变成这个样子？我需要有20个保镖吗？我被提问的时候需要别人提前一个月传文件或者打招呼吗？需要让那么多人围着吗？需要这样吗？我第一次产生了疑问。

蒋超：我第二次看到成龙，他又给我一个新的改变。保镖还是那么多，出席活动之后我追出去，说：“成龙大哥，接受一个采访……”我刚喊这么一句就被保安推出去了。成龙大哥打开车门就上车了。我很伤心，我说怎么这样，特别不服气的我又跟在后面追了出去，跟粉丝一样。追到门口的时候，我发现车就停在路口，太牛了，我就狂奔。那个车离我200米远，这时候我看到成龙下车了，难道他要接受我的采访吗？没有，成龙换了一辆车开走了。

蒋超：他为什么要这样？我不知道为什么这样，我不明白。后来我就立志要认识他，我觉得要让自己知道他这样的原因。真正走近成龙大概是在三年前，在冯小刚的电影《非诚勿扰》票房过3亿的庆功宴上，成龙去了，这次他没有带20个保镖，但是他带了新七小福，也就是七个帅哥。成龙大哥坐在那儿，大家都围着他。我在拍冯小刚，拍着拍着，回头一看，成龙刚开始的时候还被很多人围拢着，但活动真正开始后，就剩下他自己坐那儿了，没有人再去找大哥合影，他就坐在一个光线特别暗的角落里。因为灯光在舞台上，他在角落里坐着，一桌就他一个人在那儿，默默地端着一杯酒看着舞台上。其实他看不见，记者挡住了他全部的视线。这时候我在想，当所有人的目光注视光鲜一面的时候，他在想什么？

蒋超：那时候我是比较注意形象的，打扮也还算凑合，我就端了一杯酒走过去。过去以后说“成龙大哥你好”，碰杯跟他喝了一口，下意识的，也没有经过他同意，我就坐在他边上。我说大哥今天累吗？大哥说真累了。我说怎么会这样呢，我就问他大哥你不会累啊，我说你不至于啊。他说有些地方不适合咱，露一面照顾一下脸该撤咱就撤。从此以后，我们两个就开始有一搭无一搭地聊天，发布会进行了30分钟，我跟他喝了30分钟的酒。

蒋超：后来我们聊起了很多，我才明白真正的成龙是什么样子的。我们聊他小的时候在香港，他父亲跑到香港当了厨师，他那时候就在山上一个外交使馆边上生活长大。他喜欢打架，因为那时候他就是融入不了小伙伴的圈子，就打架，父亲也管不了他，就问他说你想干吗？成龙说想当厨子，当厨子是我的梦想，父亲说当厨子肯定没戏。成龙说他梦想唱京剧，喜欢唱京剧，后来拜了师，组成了著名的七小福。大家都知道七小福里面有很多人，老大是洪金宝，还有元彬、元彪、元奎。还有元秋，元秋是谁？周星驰电影《功夫》里的包租婆。

蒋超：那个时候成龙练功很苦，大概是在1961年的时候拜于占元为师，他是一个从小就比较苦的孩子，他觉得要学武让自己变得厉害。但是他在班上一直被他的老板打，一直让他站马。他当时觉得自己混不出头，而且他一直融入不到那个圈子里。什么时候开始融入那个圈子的，他跟我说是当他大哥走了以后才融入的。大家知道在香港娱乐圈里面成龙是大哥，但是他的大哥你知道是谁吗？就是洪金宝。洪金宝原来叫元龙，后来为什么不叫元龙了？因为他入了七小福五年之后，洪金宝离开了，合约期满，要离开师父自己独立去闯了。

成龙拍戏严重摔伤后开始公益，告诉儿子要享受生活

蒋超：洪金宝师徒期满了去拍戏，成龙顶了他原来的位置。当时成龙混得还不错，慢慢从小师弟一点一点上去。他原来叫陈港生，老名叫房世龙。他改为成龙这个名字，一方面是因为他叫房世龙，第二是他说我一定要像我大哥那么牛，他顶的是洪金宝元龙的龙字，所以他叫龙。他出道后叫成龙，他说我当不成元龙

我要成个龙，所以就是这个名字。

蒋超：后来他一直打拼。当时成龙大哥基本上是属于那种不怕死的人，他也特别注意细节，慢慢一点一点就干起来了。人家让他演个死尸，他就演。同时他也敢演，比如让他从五楼跳下来，不行就再跳一遍、再跳，每次都这么来，拿命搏，搏到最后就成功了。

蒋超：那天聊天的时候，我问他一句话，我说成龙大哥，我们这些“80后”的孩子每天这么累，每天熬夜，现在是拿身体换以后的金钱，以后再拿金钱换身体，你觉得值吗？你以前搏命的东西，你真觉得那么好吗？成龙跟我说，如果我换成是你们，我不干这行，“因为真不是我想干的，我真不想干这个，你给我钱我都不想去，因为丢的东西太多，失去的东西也太多，并不是光鲜亮丽背后一定是那样”。后来，他在南斯拉夫拍戏的时候，拍《龙兄虎弟》的时候从树上掉下来，摔成脑震荡，颅脑充血，差点就死了。他爸爸也在身边，他后来就说，他要开始做公益，他要开始做很多事情。我在最后聊天的时候问了他一句话，我说成龙大哥，如果你想要跟你儿子房祖名说一句话，你想跟他说什么？他那时候已经发现我是一个记者了，因为我问问题的时候我们摄像就凑过来了，他也看到了，但当时那个状态他无所谓。他说，如果要我跟儿子说一句话，我会说：享受你的生活。

蒋超：他聊了很多，分享了很多东西。他说不希望现在的人再去拼了，希望沉下来，没那么累，就算没有什么作为也挺好的。后来我慢慢明白，为什么他被采访的时候每次都是那样，包括在《开讲啦》节目里，成龙说自己拍《警察故事》，从上面飞下来摔了，30处骨折，30处重伤，他参加10次活动10次都这么说，没别的东西，他不知道自己该说什么。他特别想表达自己，但是他不知道该怎么说，他也特别想了解对方想问什么，但是他也不知道该说什么，你能接收到什么样的信息。有点像刚才黄老师被建议多学哲学的时候脑门上都是汗，特别想告诉他，但是我真的不知道该怎么说。

主持人徐金琪：成龙应该多读点哲学。

蒋超：对，这就是我跟成龙的故事，我觉得聊了半天之后，我发现一个问题。

主持人徐金琪：对，这个问题就是你还有3分钟了。

宋丹丹父亲讨厌其发微博，买光家附近所有报纸

蒋超：好，对不起，我加快进度。下一个说说宋丹丹。这是2011年9月份我们录制《每日微播报》十年特别节目的时候去她家，她当时是不太喜欢接受采访的，但是我们找了个关系，同时聊了很多，慢慢地铺垫。为什么我今天演讲的题目是“登堂入室”，有时候我们在跟人家打交道的时候，其实不知道一些细节，我需要跟你靠近一点儿，我需要去你家跟你聊天，那就特别近了。因为进了家门就是朋友，还有一个特点在于这个是家的氛围，而不是一个礼堂或者采访间的氛围。

蒋超：去了她家之后，她就光着脚撇着腿坐在沙发上跟我聊天，跟我聊了

很多。她说当时为什么不接受采访有两个背景，一是她当时刚跟潘石屹打完仗，半年前她说建外SOHO的房子特别烂；第二是她跟电影圈另外一名大佬结下恩怨了。当时很多新闻炒得很厉害，她就不想接受采访。但是我当时跟她聊的时候说，既然有这风气，那我就简单了解一些东西，于是我们就聊。她一开始的切入点就是微博女王，她说她爸爸特别讨厌她发微博，因为什么呢？她爸爸说，你又跟人打架，又跟人吵架，你这样特别不好。她每次发完微博第二天见报，她爸爸都要跑到报亭把所有附近能找到的报纸全部买回来，放在她家跟她说能不能不惹事了。等她发完微博之后，所有的网友都一边倒地支持她，也有一部分媒体说她又在炒作，这当然不包括《每日文娱播报》。

蒋超：但是，当有人把她冠以“微博女侠”名号的时候，我当时问她，当你听到“微博女侠”这个词的时候有什么感觉？微博上对你的评价有好也有坏，有批评也有表扬，那么你对于这个称呼的想法是什么样的？她跟我说的特别实在的一句话就是，“我觉得微博这个东西是留给我孩子的，或者留给我孩子的孩子的，他们总能够在多少年以后当想了解我这个人的时候打开我的微博，跃然纸上。这个东西必须要是本真的自己，我受不了那些装腔作势的东西，我受不了假模假式的东西”。现在的娱乐圈，她没说年轻人，她说现在娱乐圈里的很多人做事情也好，说实话也好，你能说他们是有话不说吗？我只能认为他们有的有思想，但是不想说，有的人是压根儿没思想，他们也不知道该说啥。说她微博的事情，觉得以后会慢慢地越来越少地发微博，可能会发一些阳春白雪的东西，但是，她还是会坚持本真的自我，等有一天老去的时候，翻开那些东西，所有东西都是她本人做的，都是她本人说的。

蒋超：后来我们聊到孩子，我跟成龙也聊到过孩子，她跟成龙有一个不谋而合的地方，她跟我说，对孩子有十二字方针，叫“勤劳、善良、健康、聪明、自食其力”，她说这是她两年前给孩子定的，现在前八个字还在，自食其力可以不要，为什么？能养你就养你了，你啥也不干就啥也不干，没关系，真的，因为时间太短暂了，人生就这么几十年，你想精彩地活着，可是现实就是很残酷，现实就是需要你打拼，就是要去累，没必要，享受这么多年时光、这么多年过程就行了。

蒋超：我今天聊成龙聊的比较多，宋丹丹聊的比较多，我采访过很多人，刘晓庆、王志文、冯恩鹤、单田芳……我觉得娱乐圈也好，人生也好，其实道理都是特别特别简单的。跟他们聊天，几年前他们说真正的道理，我不相信他们说的话，我觉得他们是在炒作。等我慢慢理解他们，走近他们，当他们跟我们聊一些人生感悟的时候，我才悟出一句话。

蒋超：上次讲座的时候我说这是一位特别值得尊敬的人说的两句话，我现在重复一下，每次说到感觉都不一样，“浅浅的道理要渐渐地悟，短短的人生要慢慢地活”。其实道理很浅显，说你别打拼了，但是道理要渐渐地悟，短短的人生要慢慢地活，大家知道这个哲人是谁吗?

观众：徐大哥。

蒋超：对，徐哥。

刘晓庆皮肤确实很好，不知道什么是PS

主持人徐金琪：谢谢。我就觉得你的演讲最好、最精彩的部分就是最后这个结语，太棒了，浅浅的道理要渐渐地悟，短短的人生要慢慢地活。蒋超真的很棒。确实，他这么小一个年纪，其实也不小了，这里有多少“90后”？在你面前能称孩子吗？他是“80后”，已经不错了。

蒋超：我“90后”的。

主持人徐金琪：不好意思，暴露你的年龄了。好，大家有什么问题？这么多。

观众提问：用了我的纸还是我来吧。

主持人徐金琪：对，她给你的纸。

蒋超：还你。

主持人徐金琪：你先来。

观众提问：我有一个问题。我记得有一位我很喜欢的作者说过，人要成长的话要经过事，我就想问，当你对于明星从原来的那种看法到现在的这种看法发生转变的时候，是经过了什么事？

主持人徐金琪：受了什么刺激，怎么突然理解他们了？

蒋超：不是，我觉得不是。我明白你说的经过事，好像我要经历很多东西。有的时候，不一定非要做一件什么生死离别或者大的事情，有的时候，人家说我在看电影，那句话我总是想不起来怎么说，好像是我在别人的故事里面流自己的眼泪。

主持人徐金琪：我说的嘛，我们演员总是在别人的戏里流着自己的眼泪。

蒋超：我在跟别人聊天的时候总会把自己置身其中。比如我跟宋丹丹聊天，像跟母亲一样在跟她聊天，她对她孩子的一些想法对我来说是一种感动，是一种感悟。那天我在采访她的时候，我们当时约的是30分钟，但是她跟我聊了大概有两个小时。那天其实我得了重感冒，特别严重的感冒，我说能不能聊30分钟我就撤，但是她拉着我聊了两个小时。后来，2011年9月18日，大家有时间看一下2011年9月18号她的微博上说，巴图感冒了吧，就是我传染的。

主持人徐金琪：你们看看这个沙龙多棒，不光是底下的观众砸嘉宾的场子，嘉宾之间还互相砸场子，有人说我没采访到宋丹丹，他上来就说我采访到宋丹丹了。

蒋超：去她家聊的。

主持人徐金琪：而且传染感冒，然后不接受下次采访。好，下个问题。你先来，你说。

观众提问：我想问一个比较八卦的问题，你见过刘晓庆不化妆的样子吗？皮肤真的很好吗？

蒋超：我见过，晓庆姐是一个特别好玩的“小孩”。有一次我到西安采访她，她在大热天演完戏之后，脸上妆都花了，但她的皮肤确实很好，我不懂女孩子那个怎么说，比较薄吧，血管都能看得到，就是那种。

蒋超：她其实特别漂亮，我那时候问过她，我说晓庆姐，你知道PS是什么吗？晓庆姐说不知道，她真的不知道。因为她有一个习惯，给大家透露一下，她在接受采访的时候，对灯光的要求特别高。提前10分钟她要开始布光，她自己来布光，她坐在那儿说，你这个灯往后挪，你这个头往上撬，你这边多打点儿纸，加一个暖纸嘛。然后摄像的时候调转过来我看一眼，这角度不好，再降低一点儿，她就会这样。她对于角度的要求特别高，但是同时她很喜欢运动，每天都锻炼身体，其实她不化妆的样子跟化妆后差不多吧。

主持人徐金琪：不错。你看那猫被你迷倒了，都躺这儿了。它望着你，你们看不到，那只猫在这儿，很崇拜地看着他。好，还有谁？你来。

观众提问：我想请教蒋老师一个问题，就是今年（2013年）文艺界发生的一些事情，对您个人来说，您觉得印象最深的是哪些事情，您有什么看法？

主持人徐金琪：有啥看法呢？

蒋超：你是想问关于李亚鹏基金会这个事情吧。

观众提问：对。李亚鹏基金会那个事。

蒋超：李亚鹏基金会啊，李亚鹏基金会的事情我觉得不像外边传的那么凶，因为没多少钱，真的。李亚鹏办了一个什么基金会，要捐给学生的，后来他给大家算了一笔账，他的总共支出和账面差了5万块钱，5万块钱去哪儿了？有人说是李亚鹏贪污了5万块钱，我觉得真不至于。

主持人徐金琪：不少。

蒋超：不少了，但我觉得不值当。因为李亚鹏我跟他聊过，他其实是一个特别有性格的人，他很聪明，他是一个情商极高的人。大家知道情商跟智商的区别是什么吗?

主持人徐金琪：真不知道。

蒋超：区别特别简单，比如说一个小妹生病了，发了一条微博说我病了，然后智商高的人给她发了一长串的各种药名，让她吃这个、吃那个，吃了就好了，这是智商高的人。而情商高的人，就发两个字：下楼。然后呢，到了楼下之后你发现他拿着各种各样的药，都是智商高的那个人给开的。

主持人徐金琪：好，谢谢，掌声。让那只猫下场了，那只猫我很喜欢它，我觉得最铁杆的粉丝应该就是那只猫了，你看蒋超下台那只猫也跟着走下去了，迈着标准的猫步。所以有时候听听八卦的故事，确实能给咱们这个夜晚增添很多快乐。

自媒体的土豪争夺战：个人品牌营销之路

【内容概要】

傍“土豪”，这是一种营销的快捷方式。“土豪”可以是名人，也可以是一个事件、一个机会。只要掌握了营销的方法，普通人也能够轻松利用自己身边的“土豪”，借力打力地完成自己品牌的塑造。

【多角度讲师介绍】

孙庆磊，15年的品牌传播工作经验，国内较早实践社会化媒体营销的广告人。曾先后在长城国际、电通、灵思等著名传播公司担任艺术指导、创意总监、总经理等。服务过包括百度、IBM、微软、丰田、东风雪铁龙、飞利浦、华晨、GE等知名企业。

【分享开始】

主持人徐金琪：从一段激情看自媒体的土豪战，傍上大款称土豪，有请孙庆磊先生。

孙庆磊：我觉得其实刚才那个视频没有把我介绍全，我介绍一下我自己，其实我是做公关的。

主持人徐金琪：公关先生。

孙庆磊：不是大家想的那种男公关。

观众：难道你是女公关吗？（观众笑）

孙庆磊：其实我是做公关传播的。刚才蒋超在讲明星捐款是炒作，因为我就是搞这一行的，刚才蒋超说的成龙的事情，有些也是由我们公司操作的。我们互相砸场子，真的，我觉得蒋超像在说我一样。

初入职场不知潜规则，第一个抽签被裁员

孙庆磊：好了，现在进入傍土豪的时间，我今天分享的话题就是傍土豪，是关于普通人和土豪的故事。这个主题就是自媒体时代的个人品牌营销。

孙庆磊：既然讲到成功的营销，我们就很难和这个成功学撇开关系。成功学有两种影响力比较大的理论，第一种就是找到自信，这个理论的代表人物是诺

曼。诺曼有一本书叫作《积极思考的力量》，可能有很多朋友看过吧。曾经有一段时间我特别相信他这个理论，这个理论就是告诉我们，每天早上起床第一件事情，就是对着镜子告诉自己，你是最棒的，你是最优秀的，你今天一定会有好运气。

孙庆磊：那时候我在某国企工作，刚参加工作，有一天领导找我们开会，说今天会议的主题是公司要精简人员。怎么来精简呢？我们通过抓阄的方式来决定谁去谁留，这个方式最公平。当时我们部门有19个人，其中18个人是四川本地人，只有一个外地人，那就是我。我们领导找我谈心，说小孙你是外地人，工作又非常努力，所以我们照顾你，让你来先抓。当时我就想，早上听了诺曼的话，说自己最棒了，于是信心百倍地抓了一张，打开一看是什么呀？

主持人徐金琪：19个全是走。

孙庆磊：对，真聪明。当时我就很傻很天真，不知道这里面全都是走。其实这是一个局，我抓了一张走，然后我就走了。从那以后，我再也不相信大师的道理，说什么相信自己，根本就不管用，我觉得相信自己至少不是让自己成功的全部。

孙庆磊：关于成功的第二个理论就是坚守目标。这个理论告诉我们，要制定五年和十年以及十五年的短期、中期、长期目标，然后向着这个目标不断地前进，不管你在路上遇到什么样的好东西，都不要去管它，要经得住诱惑。我想问一个问题，如果说我们制定了一个目标，是在500里远的地方找一个金矿，等我们走了100里就发现了一个更大的金矿，我们是停下来，还是放弃这个继续往前走呢？

观众：停下来。

孙庆磊：真聪明。所以我觉得这个理论也不靠谱。我不是大师，像那个黄老师是研究成功学的。我们是不是砸场子砸得太厉害了？从营销学的角度，我觉得不管你有多自信，不管你多有目标，一定要把自己推销出去，这是最关键的，一定要懂得营销。现在已经不是“酒香不怕巷子深”的时代了，所以说营销是非常关键的。我自己有一定的心得，但是一直不好意思跟大家讲，为什么？因为我觉得我这个理论不登大雅之堂，我这个理论就是傍土豪。傍土豪是成功的一个捷径，为什么？在自媒体时代，如果你想成为土豪的话，最快的办法就是找到你身边的土豪，然后抱紧他的大腿，跟他一起去发展。这就是我的理论，徐哥就是我的土豪。

普通人傍上范冰冰成功营销，“土豪”不一定非是名人

孙庆磊：网络傍土豪的事件是不断在发生，这也说明我这个拿不出手的理论还是有点儿用的。可能有人会问，如果本来就是一个名人，他有很强的人脉，他可以利用自己先天的基础去炒作自己，如果说我是一个草根的话，我应该怎么去傍土豪呢？其实也是可以的。就在2013年6月24日，有一个叫作潘曦的小伙子，他在网上不断地向范冰冰叫嚣，他就抓住一个土豪叫作范冰冰。他说让范冰冰给他道歉，为什么呢？因为潘曦从青春期的时候就开始给范冰冰写情书，写了无数的情书，范冰冰一直不给他回信。他就说了，我给你写了这么多情书，你连个信都不回，行是不行你给个信儿啊？一直不给信儿，所以浪费了我十几年的时间。

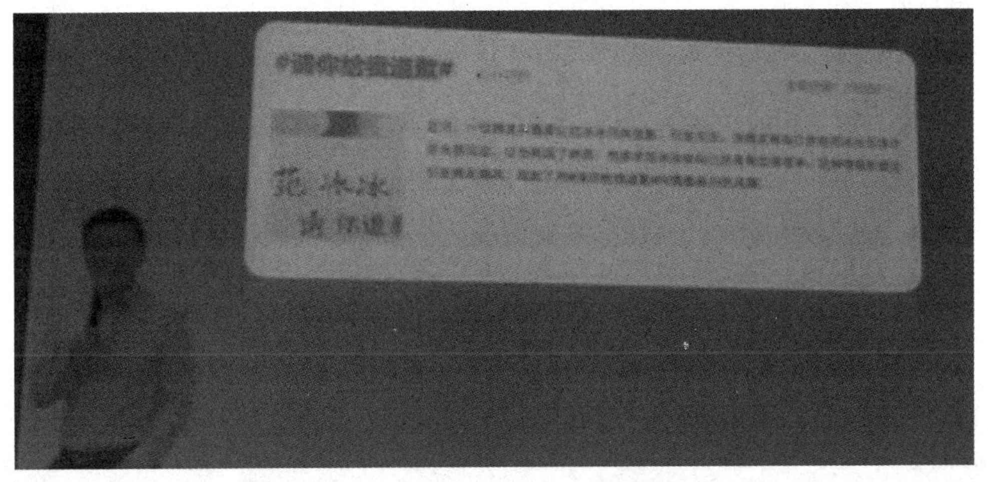

观众：青春。

孙庆磊：对呀，青春全浪费了。其实现实社会中有很多人都曾浪费很多时间去追明星。当潘曦发了这条微博后，就产生了很多共鸣，他有很多的“病友”支持他。

观众：怎么叫“病友”呢？

孙庆磊：战友，说错了。很多人跟他一起，让自己追求过的明星给自己道歉，于是这个话题就顶到了微博的话题，持续了很长时间。通过这个事件，潘曦的粉丝一下子增长到了10万，微博的转发量也达到了10万多条，几天的时间就炒作起来了，非常厉害。这就是一个草根傍土豪成功的故事。我讲到这是一个人和一个土豪不断发生关系，从而炒作自己的方法。其实还有一种方法，傍土豪有两种招式，一种是一个人和一个土豪不断地发生关系，第二种就是和一帮土豪一次发生关系，这样也可以炒作自己。

孙庆磊：这是我自己操纵的一个案例，当时是在2008年，我在广告公司，飞利浦给我们一个任务，让我们用两个月的时间给他推广一个新品。一个新品上市用两个月的时间去炒作，其实是有点儿难度的，并且这个新品的炒作预算非常有限。当时新媒体刚刚兴起，我们就想到了利用新媒体。我们在新媒体上找了100个名人，也就是100个土豪，和我们这个产品发生关系，让他们试用我们的产品，然后在自己的自媒体上发布对这个产品的使用体验，当然都是正面的体验。大家想一想，一个土豪最少有100万粉丝，如果100个土豪呢，那就是1亿个粉丝，这样一来就把产品引爆了。

孙庆磊：当时用新媒体炒作的案例非常少，但我们的效果非常棒，这个产品经过两个月的炒作，在同类产品中关注度第一，销量第一，效果非常好。刚才讲了一些不太高雅的事情，现在我们讲一点儿高雅的。

孙庆磊：佛学里讲因和果，我觉得因是什么？因其实就是好产品。果是什么？果就是好销量。当我们有好产品的时候，我们再追求一个好销量，这时候是很容易成功的。很多朋友有时候会问我，给我出一个主意吧，我也炒作炒作自己。我说你炒作自己是为了什么呢？他就告诉我要赚钱啊，要出名啊。其实这种目的是很容易达成的，可能很容易出名，但要成功就很难。因为如果一个人炒作自己，没有产品输出的话，他不会长久。至于刚才佛学说的因和果呢，我们分开来看。因和果中间还有一个字非常重要，它就是机。

孙庆磊：这个机是机缘的机。机缘是什么？我们有了好产品，找机会不断动用自己敏锐的眼光，善于发现你身边的土豪，这个土豪可能是一个人，也可能是一件事，也可能是一个公益事件。它的标准是什么？它的标准是能够吸引很多人的注意，能够吸引眼球。当我们抱着它的大腿的时候，别人就不得不把注意力转移到我们自己身上，就是这么一个原理，很简单的。

孙庆磊：什么叫机缘？这也是我做的一个案例，2008年5月12日汶川发生了8级大地震，当时我们公司也捐了款，几十万。我们公司比较小嘛，没有大企业那么多。某汽车品牌是我们的客户，当时我们有一个同事突然发现网上有这么一张照片，该公司的一款汽车被砸得稀巴烂，但是它仍然在路上跑。大家可以看见，这就是土豪啊。当时我们就马上行动，找到这篇文章的出处，找到它的大图，组织这个汽车企业给汶川地震捐善款。我们用原价把这款车回购回来，捐给了中国地震文化博物馆。

孙庆磊：这一系列的运作其实就是傍上了土豪，成功创造了一个史上最牛汽车的案例。这是我当年在2008年时操作的一个案例。在讲完这个案例之后，我要给大家介绍一下我的一个好朋友。

主持人徐金琪：是我吗？

孙庆磊：徐哥不是，徐哥是我的土豪。我这个好朋友呢，他是一个胖胖的小伙子，很可爱，他很热心公益。在2011年的时候，他还放弃了很好的工作，坐着火车跑了全国一百多个高校，在这些高校门前跳自己编的一段舞蹈，非常好看。

观众：我知道，我知道。

孙庆磊：是谁呀？

主持人徐金琪：能说出来吗，美女？

观众：就跳的什么舞的那个。现场播放一下吧。

主持人徐金琪：好，大家要有耐心。你现在放，还是什么时候放？

孙庆磊：一会儿揭晓。他通过这个事件，其实这个创意非常好，非常有穿透力，最重要的是有一个产品输出。这个产品是什么呢？就是呼吁社会，呼吁所有人关注罕见病：先天性脆骨病，也就是“瓷娃娃”。他这个案例做得非常成功，请放一下那个视频。

主持人徐金琪：我们大家静静地看一下这个案例，我们静静看一看。操作很简单的。

孙庆磊：对，非常好的一个案例。

主持人徐金琪：一直看到他最后是为了什么，看看我们的校门舞男肖剑，长得跟我有点儿像。

（播放视频）

校门舞男成功策划公益事件，观众互动现场跳舞

主持人徐金琪：大家看到那个脚步了吗，他的步伐？

孙庆磊：这个案例有没有朋友见过？

观众：有。

主持人徐金琪：有谁见过，举个手，有五位举手的。

孙庆磊：还是挺多的。刚才讲到要善于发现身边的土豪，其实这个土豪就在大家身边，现在就有请校门舞男肖剑。

主持人徐金琪：咱们的摄像机镜头到处推拉摇移，最后他在旁边站起来了。

肖剑：很高兴能参加这个沙龙，希望我们大家一起跳，谁知道这个舞蹈，我们一起来跳一下。

主持人徐金琪：刚才夸了半天，大家一直以为是在夸我，最后是你。刚才有个视频，是肖剑在各个大学校门前跳舞的视频。今天在“706”，“706”也是很著名的地方，“706”有个沙龙，也可以拍一段视频上网，这下子就傍上土豪了。有没有想傍土豪的？上来，有没有？要是没有我跳了啊。有没有？好，小妹

妹，你来。

观众：就是跟那个视频上的舞步一样？

主持人徐金琪：对，跟视频一起跳。掌声有请我们的小妹妹，还有吗？

肖剑：一起来。

主持人徐金琪：还有，还有两个妹妹，三个妹妹，还有吗？还有个美女，四朵花，凑五朵金花吧。太棒了。

肖剑：倍感荣幸。

主持人徐金琪：好，肖剑你先来。你们能记住脚步吧？没事，看他的脚步来。

肖剑：很简单，就这么走动，大家回去都可以自己拍一下，微博@一下我，我会转的。

观众：这是傍上土豪了啊。

肖剑：很简单，就是这样，很简单。都已经学会了吧。

主持人徐金琪：快，视频播到了北京大学，现在是清华大学。

肖剑：预备，开始。

主持人徐金琪：北京外国语大学、中国科学院、北京师范大学、中央电视台、中国传媒大学、北京电影学院。

肖剑：谢谢大家。

主持人徐金琪：好，好棒，好棒，这个朋友拍到了吗？现在是中国人民大学，我们来看一下，中国地质大学、中国农业大学、中央民族大学、北京化工大学、北京工商大学、北京工业大学、北京科技大学、北京理工大学、北京第二外国语学院，又是北京大学。首都体育学院、北京信息科技大学、北京邮电大学、北京语言大学、北京中医药大学、对外经济贸易大学、中国青年政治学院。

孙庆磊：北京学校有很多，有四五十所。

主持人徐金琪：中国政法大学、中国人民公安大学、北京联合大学、北京林业大学、首都师范大学、首都医科大学、协和医科大学、中国矿业大学、中国石油大学。

孙庆磊：这是长沙的中南大学。希望大家继续关注，最后捐款达到了16.5万，不错吧？也感谢每一个大学生。

主持人徐金琪：我觉得我们应该鼓励他，而且他也是非常优秀的，成为大V了，他的粉丝有11

万多。

孙庆磊：绝对不会传假消息，请校门舞男入座。根据我刚才说的这个逻辑，每次介绍完自己的好朋友之后都会插播一条广告，下面我就给大家插播一条广告，刚才讲的这些理论都是出自一本书，这本书就是《淘金微营销》，是我们多角度系列的第一本书，这本书是我写的。

主持人徐金琪：对，我经常说这本书你要是不愿意看就看看导语，因为导语是我写的。

孙庆磊：好，介绍完广告之后，今天我的分享就结束了，大家有什么问题，我们可以讨论一下。

低俗式炒作不赞成，好的营销要有价值和产品输出

主持人徐金琪：还需要有问题吗？真的很棒。你排第二位行吗？你是我的朋友，你辛苦了。请这位朋友先说。

观众提问：我想问两个问题，一个是刚刚那个校门舞男，以前我在学校做过一个项目，跟你刚刚那个关爱中心所做的比较类似，是一对一跟他们写信的项目。我就想问，你这个创意是怎么来的？是源于脆骨症行动不方便吗？

肖剑：其实我是在强调一种反差，我们在座的各位都是能够乱蹦乱跳的，但是世界上有一部分人是不能随便动的，他们打一个喷嚏都会骨折，或者吃一个很硬的东西也会骨折。这个创意第一个是强调反差，再一个就是强调关联性。我们传播学里讲关联性，300多所学校如果在一分钟左右把它全部过掉，我们在座每一个同学看到这个视频肯定会很有共鸣、会转发，因为我们的标准是260秒穿越全国，11个城市所有高校的校门都在里面，在你回答这个扩散性的问题的时候，你说1分25秒，这个微博就转出去了，这就形成了一个传播。它跟自己有关，而且它针对的不只是在校学生，它还针对在校的和已经从学校毕业之外的学

校关联人群。我们算了一下，一个学校就能达到100万人，如果有300个学校，那就能够达到3个亿，这是一个理想的数字。

主持人徐金琪：很棒，我就说只要校门舞男一出现，孙庆磊就可以休息了。

观众提问：我在听了之后感觉很多观点，包括前面三位老师讲的，都是有颠覆性的。

主持人徐金琪：互相砸场。

观众提问：我也来参与一下砸场。现在社会流行所谓的成功方法论，说要自信，要自己打拼，或者说不要被别人包养，说用那样的态度生活或者傍土豪这种做法，跟传统的道德观有点冲突。

主持人徐金琪：有点分裂。

观众提问：对，这种是社会的理论没有跟上。成功，现在社会成功需要这样，而且这样方法是对的，是不是有一部分人为了防止大部分人成功，把原来那种观念进行了扭曲？

孙庆磊：其实是这样的，刚才我听明白你的意思了，您是问炒作是不是一种好的行为，或者一种手段。刚才我讲到佛学的因和果。因是什么？因是一个好的产品，一个有价值的产品。果是一个好的销量，中间就是机缘。有一些低俗的炒作我是特别不赞成的，那些低俗的炒作没有给出任何有价值的信息，也没有给我们带来什么好的有营养的东西。所以我觉得，炒作一定是要能给社会和消费者带来价值的时候再去炒作，这样才会成功。

主持人徐金琪：好，谢谢。给点掌声吧。

观众提问：我觉得在现在这个经济时代，我特别欣赏您刚才说的傍土豪式的炒作，过两天我们北京脱口秀俱乐部要举行商演，我想问一下，作为草根社团该怎么傍土豪？

孙庆磊：这个问题很简单，现场有我们公司的员工，来给彭总签个合同，做一个方案。

主持人徐金琪：产生价值，马上一单就签了。好，很棒，孙庆磊老师可以休息一下了。是这样，我们刚才说了6个杯子要发出去，话题又回到这6个杯子上，换一种颜色拿过来，6位获得者的名单给我，咱们把这个发出去。今天结束了，祝大家圣诞快乐，祝大家元旦快乐，祝大家春节快乐。

主持人徐金琪：因为今天是今年（2013年）的最后一期，我想让每个嘉宾说一句话，从蒋超开始。

蒋超：大家要是想知道不一样的娱乐圈，想知道不一样的生活，请多关注多角度，谢谢。

主持人徐金琪：而且可以@BTV蒋超。

黄有璨：多吃饺子，多关注多角度。

主持人徐金琪：选择多角度世界，同时也可以去选择“黄的世界”。

孙庆磊：关注多角度沙龙，总有一个角度会适合你。

主持人徐金琪：如果你想跟土豪傍上变成大款的话，跟他签单。

后记

相信“相信”的力量，创造“创造”的平台

不知不觉，多角度沙龙已经开办一年了。从2013年10月27日那一次深秋冷夜开始，我和热爱沙龙的小伙伴们已经走过了整整365个日夜。当我回想起这一年的坚持，点点滴滴像翻书一样重现，线下沙龙、进校园、活在当下的CCTV、中山大学卓越记者驻校、“F4”、沙龙亲友群的爆发、线上沙龙的开办、荔枝电台的惊喜……一页页地翻过，这一年的经历像五味调料，感慨良多，但没有变的是我们一直秉承的信念，相信“相信”的力量、创造“创造”的平台。

多角度沙龙一开始就很受大家的欢迎，让我们有些“被惯坏了”的感觉。多角度沙龙进入北京现代音乐学院的活动反响也很热烈，我的老朋友霍伟先生刚下飞机就拖着行李直奔活动现场，听完了整场演讲。之后他跟我说了一句话，“沙龙真好，我们要做的就是坚持。”突然，我被这两个字触动了，隐约觉得在将来的日子里这两个字会对于我和我的小伙伴们特别重要，虽然当时我根本无法说出那是一种什么样的预感，也没办法知道要坚持什么。

命运总是在给你安排预言家指引方向，之后我们的沙龙确实也进入了一个迷茫期。这一年中，我听到最多的问题就是“沙龙的赢利模式是什么”，观众问过、创业青年问过、关心的朋友问过，甚至我自己都问过。这个问题很有意思，多角度沙龙是公益的沙龙，但公益并不等于不用钱、不赢利。举个简单的例子，我们的讲师可以不要钱，但不能让人贴钱做公益。在那段寻找不到方向的日子，我们选择了“坚持”。既然不知道方向，那就向前走走看，路始终是在脚下。

迷茫的日子都会有痛苦，坚持的事情也没有那么简单。在这个过程中，我们选择了相互信任，因为相信的本身就能产生一种前行的力量，凭眼见而活将失去勇气，凭信念而活总会拥有希望。我相信每一个人，只要我们拿出诚意，都会有积极的回馈。在这个过程中，我们选择搭建一个人人可以触摸的开放平台，在这个平台上，人与人之间产生的“化学反应”会创造出更多的可能。是的，这就是多角度沙龙相信“相信”的力量、创造“创造”的平台。

幸运的是，这条路我们坚持走下来，我们多角度沙龙在2014年10月迎来了新的爆发，命运回报给我们的超过我们自己的期望。一年，也许这就是命运的安排。

相信“相信”的力量

我参加过的很多沙龙都是依靠星光闪耀的大腕儿来吸引观众的，多角度沙龙不是，她是开放的平台，无论平凡人还是大腕儿我们一概不拒绝。这是一种相信，对人的相信。我们相信每个人都是传奇，我们相信每个人都有别人难以想象的能量。当很多沙龙为嘉宾发愁的时候，我们却在为沙龙频次太低无法安排如此多的嘉宾而发愁。

多角度沙龙的很多嘉宾都是从现场的观众中发现的，这里要特别感谢一下志愿者黄川先生。从多角度沙龙开办，他就一直是忠实的观众和积极的参与者。沙龙举办地在北京北四环，他住在北京南部的大兴区，单程地铁也需要快两个小时。因为沙龙是在晚上7点开始，所以每次结束后都会看到他向地铁狂奔的场景。虽然路途遥远，但每次沙龙都能看到黄川的身影，包括后来我们进校园活动，无论多远他都会出现。就这样，我们认识了，也知道了他的故事。我们都是平凡的人，但是我们相信每个人都有能够拿得出来与别人分享的经历。黄川也被安排在一期活动中登台，讲了他从事公益的故事：《从心出发的志愿者》。事实证明，相信能够带来超出预期的惊喜，他的故事让很多观众感动。我们在沙龙的观众中选拔了一批讲师，有些已经登台，有些将陆续推出。不用内容审查，不用精心设计，只要带着足够的诚意，我们就相信这个分享能够打动人心。

多角度沙龙没有自己的工作团队，每次沙龙的摄影、摄像、场地布置等工作都是由喜欢沙龙的人自愿承担。不专业怎么办？拍不好怎么办？这些不是我们要考虑的问题，既然大家愿意为沙龙做事，我们就应该给大家最大的信任。在多角度沙龙南京站首次活动的现场，我们找到了一位先到场的女生来帮我们拍摄照片，她用我新买的“肾6（iPhone6）”拍出了一张特别有气势的全景图片，这就是信任给我们的惊喜。后来，我特意去问了她的名字，并在这里表示感谢，她就是南京审计学院的梁静同学。

说到工作团队的信任，不得不在这里隆重感谢北京现代音乐学院的董一珺老师。多角度沙龙和董老师的缘分从进校园开始，他是沙龙进北京现代音乐学院的组织者之一。从那次沙龙之后，他就主动承担起了多角度沙龙微博更新、现场摄像等一系列工作，无论多远都场场必到。董老师做事特别认真，也有想法，很多事情会给人以特别的惊喜。在多角度沙龙进北京建筑大学的那次活动中，杨阳开车载我们三个人去活动现场。车开到建筑大学校门口的时候，坐在后排的董一珺老师拿出手机伸出车窗外拍了一张照片。当时我们谁也没有留意这个举动，后来在沙龙微博发布出来之后，我们才发现那是一张带有学校名字的校门图片，在我们所有人拍摄的照片中，这是唯一的一张。

董一珺老师对沙龙还有一个特别的贡献，是他开发了沙龙的线上产品：视频和电台节目。沙龙进北京现代音乐学院活动之后，疲惫的我们正在享受活动带来的喜悦，董老师却在默默地剪辑着沙龙的视频。几天之后，沙龙的演讲视频出现在几大视频网站，以后想了解沙龙的人，大部分都是通过董老师的视频来了解的。多角度沙龙每周二会在微信群里有一个线上分享活动，主讲人用语音讲，有问题的人在群里用文字提问互动。在第一次分享结束后，董老师把微信语音再通过音箱逐条播放出来，用录音设备录制成完整的音频，上传到荔枝FM上。从此，多角度沙龙又多了一个线上的产品。做了这么多，董老师从来没有说过一句辛苦，每次大家感谢他的时候，他也只是憨厚地笑笑。多角度沙龙不是某一个人的沙龙，只要你相信、你参与，她就会跟你一起成长。谢谢董一珺老师。

创造“创造”的平台

相信“相信”的力量是内在的精神基础，创造“创造”的平台是外化的物质形式。多角度沙龙南京站的建立和首次活动的举办都是在相信基础上创造的产物。南京天空树的负责人何晶晶女士，朋友们都叫她小雪，之前我和她并不认识。多角度沙龙想在南京举办一期活动，通过各种关系我在微信上跟她取得了联系。小雪为沙龙提供了场地和嘉宾，在和她通话的过程中，我了解了她为中国青年原创作品推广的故事，于是就决定让她作为南京首讲的嘉宾，之后就有了她《中国不缺原创力》的精彩演讲。沙龙在南京的活动很成功，小雪认真做事的态度和对沙龙的热情让我们感动，于是沙龙南京站当天就在活动现场成立，她当然是站长的不二人选。这一场“网友见面分外眼红”的沙龙让很多人难忘。南京站的活动将在2014年11月陆续展开，期间，中传南广广播电视学院院长王更新及董超老师对沙龙的活动给予了全力的支持，在这里也一并表示感谢，尤其感谢身体抱恙还未完全恢复的王更新院长亲临活动现场。

相信与创造有时候真的难以分家，没有相信就无法创造，有了相信的平台才能创造无限的可能。微信上多角度沙龙亲友群是沙龙线上分享的平台，在群成立的初期，我们制定了两条规矩，第一要实名制，第二要“接龙”。实名制大家好理解，这是让人走出网络形成的虚幻堡垒，把自己晒在阳光下。“接龙”是群里的规矩，每个人按照次序接力，公布自己的姓名、单位、职务和联系方式。活动开始时有些人提出了不同的意见，认为联系方式是隐私，担心会被别人骚扰。

但是，这是信任的基础，如果连这些诚意都拿不出来，怎么让如此多互不相识的人彼此信任？最终，每一位留在群里的朋友都完成了自己的接龙，截止到本文写作的时候，两百余人完成了接龙，大家也在信任建立的基础上开始了“创造”。脱口秀前辈陈立群（船长）、演员宋启瑜开始了线上分享的第一期《大家一起讲“脱口秀”》，这就是沙龙平台上的创造。当然，这里必须感谢于世辉（小明）先生提出的接龙和成甲老师提出的线上分享。

多角度沙龙将来还能创造出哪些惊喜？我们不知道答案，但是我们相信“相信”的力量，会让每个人之间产生连接，当每个人作为一个点连接在一起织成一张大网的时候，肯定会有美妙的事情发生。

未来多角度，答案在风中

耐心和坚持，是多角度沙龙前行中的必需品。多角度沙龙是一个不成熟的孩子，她满身缺点，却绝对不缺少向上的力量。我们不渴望成熟，因为成熟意味着没有提升的空间；我们要一起成长，因为向前的路上我们需要相互安慰、相伴和支持的力量。

多角度沙龙不讲技巧，只讲诚意和价值。马云取代王健林成为中国首富，很多人分析他的成功之道，说这是技术战胜了房地产。换个角度看，难道这不是一种价值观的成功吗？在社会缺少信任的时候，支付宝打破这个既定的价值认同，重建了商家、客户和平台之间的信任关系，让网上交易如面对面一样可靠。正是这种信任的重建，让支付宝的平台有了无限的商机。多角度沙龙要的价值，就是这种彼此的信任。

直到现在，多角度沙龙也谈不上成功，至少会让一直追问我赢利模式的朋友们有些失望。但是我们确确实实在统一价值观之下相伴成长，每一个讲师和观众都从彼此分享中得到启发、带来希望。在这一年多的时间里，我见到了太多朋友的变化，我还记得张庆龙第一次上台的紧张，但如今他已经可以在沙龙和高校等舞台上“谈笑风生”。

未来会怎样，我始终无法回答，多角度沙龙也不是一个给人答案的地方。多角度沙龙提倡的“换个角度看世界”不是给人答案的方法，有了角度必然有盲区，一定有我们无法观察到的存在；多角度不是全角度，我们如盲人摸象一样永远无法构建完整的真相。你要追寻的答案，永远只能是飘在风中的蒲公英，你以为抓得住它，但它总是会随风飘散。每个时代的人都应该有自己时代的使命，再渺小的奋斗者也会有人同行，“多角度沙龙”的使命就是用新鲜的视角来影响人、影响社会、影响时代，我们用“坚持”来影响甚至改变这个世界。这就是“多角度沙龙”！她的未来，是一个飘在风中的答案……

有一种眼神让我们充满力量，有一种关注让我们看到希望。在这里，请允许我占用一些篇幅，一一列出那些需要感谢的、伴随多角度沙龙一起成长的朋友们（排名不分先后）。

感谢那些在多角度沙龙初期给予我们支持和力量的会员：陈小蒙、关利祥、叶鸿达、鲍克凡、房彦甫、鲍慧东、于世辉、向勇、罗慧、薛岳、周楗颢、王昆、仝星、谭萌、安竹、何晶晶（小雪）、段海龙、王晓芳、杨振超、王强、马浚、王小免、吴昊、成甲、刘维晔、刘晖、张瑞、李哲、徐航、丁柏昕、瞿芃、郑照升、魏宏岩、杨阳、张继勇、孙平、陈莹、郑斌、孙宇、郝南、宋世超、聂永红、蒋麒麟、李师弢、邓黎啸、智化龙、刘莎莎、王泽宇、黄梅、徐振宇、赵鑫、张中楠、何勇、纪洪山、石文远、王爱萍、连燕、陈紫峰、李先锋、梅伟平、刘艳、佟威、王浩、葛鑫、高昌、李文博、孙文功、潘颖、林立、李小倩、罗南杰、田高蕾、史海琰、成慧、吴胜、舒文平、梁新华、聂腾辉、唐辉、后维科、林通、苏彤、王嗣禹、颜彬、王水龙、王艳、潘静、孙江星、鲁泽良、陈键荣、周到、宋美萱、魏乐、万鑫、刘康、韩逊、王海力、杨洋、盖志博、严仲林、李东、朱丽娟、李杨、于冰琪、吕淑鸿、梁静、张铮、韩生生、巩秋红、刘晓、赵文龙、马侠、李扬、张靖鹏、李卓澄、王实、李亚晋、庞海英、韩明轩、丁平君、刘名成、白格勒、刘上游、李美玉、古彬、彭洋、廖菁、龚丽华、王岩峰、高宏吉、高志鹏、朱江、高艺

铭、张玉柱、李芊、赵福顺、葛乃晟、李曌、刘新刚、李丹、陈宙、刘雨欣、包大英、崔航、张远方、刘钰乐、董超、程志坚、徐磊、潘梦瑶、王振楠、彭红霞。

感谢已经在多角度沙龙登台或即将登台的讲师团：Tony Chou、孙庆磊、李恕萱、蒋超、成甲、郑猛、赵嘉路、黄有璨、支叙心、李松林、金鑫、宋启瑜、陈紫峰、安竹、黄川、肖剑、高明勇、李大明、赵健、何晶晶（小雪）、王敏阳、曹子清、王昆、孙雪梅、温汉卿、董一珺、朱江、陈立群（船长）、瞿芃、郝雨、鲍克凡、马浚、苏彤、顾源源、张子航（令狐冲）、霍伟亚、王浩。

感谢让多角度沙龙在南京扎根的南京站朋友：何晶晶、陈晓阳、杜宇燕、阚霖、董超、梁静、许弼程、唐祥伟、赵健。

感谢让多角度沙龙在广州落地的广州站朋友：顾源源、王浩、潘宠、孙旭光、周健明、薛岳、关利祥、孙朝方、叶伟民、封凌睿、张浩成、王小免。

感谢为多角度沙龙进校园奔走的朋友：刘慧、谭萌、隋狄艾、康子啸、吴浩、丁柏昕、张瑞、王连哲、马浚。

感谢那些长期关注并支持多角度沙龙的好朋友们：王更新、孙宏生、马焱、林通、叶鸿达、于世辉、张继勇、杨阳、刘晓、罗慧、洪峰、袁国宝、石介甫、苏湘迅、李洁明、邬方荣、仲雲霄、周舸、冷梅、耿明峰、康延智、马明侠、康延智、刘洪庆、刘琦琳、沈佳音、戴志勇、程刚、周范才、张侃。

特别感谢：王金才、霍伟、北京第二外国语大学韩老师（这是一位70多岁的退休教授）、西南政法大学李隆琼老师、兰州大学韩亮老师。

你如果选择相信，就慢慢靠近多角度沙龙、拥抱多角度沙龙，然后跟沙龙一起成长。我们彼此互为粉丝，在这个新媒体粉丝经济横行的时代，在这个多角度沙龙的平台上，我们共同见证粉丝的力量。

徐金琪

2014年10月于北京